図で考えれば解ける！

本当は面白い 微分・積分

埼玉大学名誉教授
岡部恒治
長谷川愛美

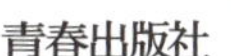

はじめに

日本では高校の数学の最終到達点が「微分・積分の一応の完成」とも考えられています。また、数学者と数学関係者の多くは、微分・積分が数学教育の中で最も重要な科目の１つであることを認めるでしょう。

そうであるにもかかわらず、本文中にも書きましたが、私は高校のときには微分・積分は好きな科目ではありませんでしたし、苦手な科目だったかもしれません。そのときには、微分というのは、極値あるいは最大値・最小値を出すための、また、積分は面積や体積を出すための計算にすぎない、などと不遜にも考えていたのです。

しかし、今では、微分・積分が高校の数学の最終到達点になったのは当然とも思っています。それは、微分・積分が、ものごとを統一的に眺め、根本的に理解するための強力な道具であることがわかってきたからです。

以前は、つまらなかった面積や体積の計算でさえ、統一的に眺めると、生き生きとして、楽しいものに感じられるから不思議です。

この本は、筆者のその思いを皆さんに分け与えたい一心で書き上げました。

本書では、統一的に眺めるという点を強調するためにも、従来の教科書とはちがって、直観を重視しながら積分から微分へと進めていくことにしました。ぜひ、皆さんにも、本書を通じて微分・積分の思考法の楽しさに触れていただければと思っております。

本書の執筆にあたり、アイデアの使用を許可いただいた数学協会の宮永望氏、叱咤激励して支えてくれた青春出版社の武田友美氏と岡村知弘氏に深い感謝の意を表したいと思います。

図で考えれば解ける！　本当は面白い「微分・積分」●目 次

第2章 曲線とは何か？ 指数とは何か？

第3章 分かった積もり？積分の基礎の基礎

第4章 微かく分ける…するると、どうなる？

第5章 微分・積分を使ってみよう！

カバーイラスト　theromb/Shutterstock.com
本文イラスト　ツトム・イサジ
本文デザイン・図版　ハッシイ

本書は2009年２月に刊行した『図解　ざっくりわかる！「微分・積分」入門』（小社刊）に加筆・修正を加え、再編集したものである。

第1章

微分・積分が実はこんなところにも！

～運転中の微分!?　カーブの曲がり方

棒グラフからは読み取れない秘密があった！

折れ線グラフの有用性

グラフから何を読み取るか

小学生のとき、ひまわりなどの花を実際に栽培し、その成長記録をグラフにつけた記憶はありませんか？　最近は時間が足りないので、そこまで手間をかけることができないかもしれません。でも、教科書の中の数値をグラフに直したりしたことは必ずあると思います。

そのとき、「何でこんな面倒なことをするのだろう、ただ数字を書いておけば正確なのに」と思った方は、大変探究心の強い方で、見込みがあります。

というのは、「何のために？」という疑問を発しないで、ただ「いわれたからやる」のでは、いつまでも進歩がないからです。

ここで、その理由まで考えていただければもっといろんなことに気づくことができたはずです（といっても、小学生にはそこまでは要求していませんが）。

また、成長記録をつけるときは、多くの場合、折れ線グラフを使いましたね。

他の場合はどうでしたか？

毎朝読む新聞の中には、折れ線グラフもあれば、棒グラフもあり、中には円グラフも出てきます。

標準体重のグラフを見てみよう

成長記録をつけるときになぜ折れ線グラフを用いるのでしょうか？

それは、子どもの体重や身長のグラフを書いてみると、すぐわかります。

子どもが生まれてから体重がどのように増えていくかの目安として、厚生労働省の調査に基づいた身体発達曲線の表があります（P12）。

もちろんこれは曲線のグラフで、標準の値に幅をつけて描いてあります。ここには体重のグラフだけのせました。身長のグラフも同じように発表されています。

親はそのグラフに自分の子のグラフを書き込んで、標準より低すぎないか、あるいは軽すぎないかと、一喜一憂するのです（でも、成長してみると若干の違いはあるにしても、多くは憎まれ口をたたく若者になっていくから不思議です）。

さて、このように、身体発達曲線の体重の範囲が折れ線グラフで表示してあると大変わかりやすいですね。

こうして、グラフの第一の目的、「量を見やすくして、そのことに関する分析を的確にする」が出てきます。

折れ線グラフの意味

でも、標準体重のグラフを見やすくするためだけだったら、折れ線グラフでなくとも、棒グラフでもよくはありませんか？

子どもが、標準の範囲から少し下に外れていたらどうでしょうか？

そういう子をもった親は、誰もが「何か病気ではないか？」と大変心配します。その場合にこそ、折れ線グラフのありがたみがわかります。体重が少なくて標準の範囲から外れていても、グラフが身体発達曲線の標準範囲の下の線とほぼ同じ推移をしているならば、あまり心配することはありません。標準体重というのは、各月・年齢の94パーセントの子どもの値が入るように幅が作られています。逆にいえば、いつも6パーセントの子が外れるようになっていて、「目安」にすぎないのです。

それより、急に増えなくなったり減ったりしたときが問題です。そのような危険な状態を発見するためには、折れ線グラフが効果的なのです。

男児2人の体重グラフ

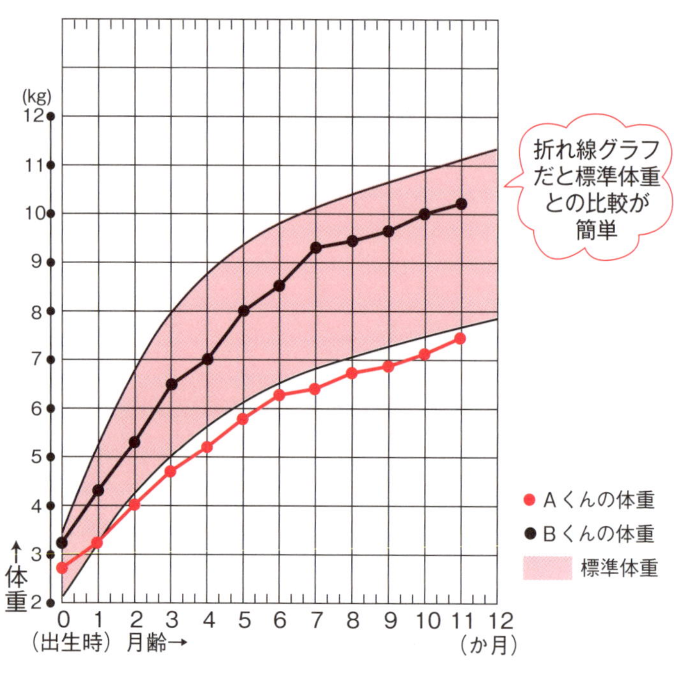
(kg)
12
11
10
9
8
7
6
5
4
3
2
↑体重
0
1
2
3
4
5
6
7
8
9
10
11
12
(出生時) 月齢→
(か月)
折れ線グラフだと標準体重との比較が簡単
Aくんの体重
Bくんの体重
標準体重

そのグラフ、なんだか不公平ではありませんか？

折れ線でないほうがいい場合も、ある

いつでも折れ線グラフにすればよいの？

前の項では、折れ線グラフが有効な場合を見ました。では、いつでも折れ線グラフにすればよいのでしょうか？

P15図１のグラフは、ある会社のＡ課の社員をアイウエオ順に並べて、その社員の営業成績をプロット（座標上に点を打つ）していったものです（途中で切りました）。

ただ数字を並べて書くよりはずっとわかりやすいかもしれません。

でも、この折れ線グラフにはちょっと違和感がありますね。井上さんはこの中ではそんなによい成績でもないのに、阿部さんと上野さんにはさまれているおかげでなんとなくよい成績に見えてしまいます。

逆に、加藤さんは、よい成績を上げたのに、岡本さんの隣のために、かすんでしまいます。

また、五十音順でなくアルファベット順（図２）なら、様相が全然変わってしまいます。

並べ方が変わっても

このように、並べ方にあまり根拠がないうえに、その両隣の成績しだいで、自分の成績がよく見えたり、悪く見えたりするのは、問題です。不満をもつ方が出てくるかもしれません。

こういうときは、前後の間を離すことができる棒グラフのほうが無難です。

棒グラフだと、順序を入れ替えても、そんなに状況が変わって見えることもありません（図３）。この場合は、折れ線グラフよりも棒グラフのほうが適していることがわかりますね。

棒グラフのほうがよいもう１つの理由

先ほど、Ａ課の棒グラフを描くとき、離して描きましたが、これをくっつけて描いてみてください（図４）。ライバルＢ課の棒グラフと比較してみましょう。

くっつけた棒グラフの面積がＡ課のトータルな営業成績を表していることがわかります。そのようなことに気づけば、足し算するまでもなく、Ａ課はＢ課よりトータルな成績がよいことがわかります。つまり、棒グラフは、全体、あるいはその中の連続した一部の和を見るときに役立つ表示方法といえるかもしれません。

*

ここまでのことをまとめると、以下のようになります。

折れ線グラフは、「横軸に時刻とか投入量とか、順番に必然性のあるものをとって、その流れの中の動きを見るために有効」です。

一方、棒グラフは、「横軸の順番に必然性のないものを表現し、その面積比較が有効」です。

パターンをグラフで読む

ただ、少しの例外もあります。

心理学では、言語、数、形などのテストをして、その結果を折れ線グラフに描き、そのグラフのパターンからいくつかの症状を推定する方法があります。

明らかに、それらのテストの順番には必然性がありませんが、そのやり方は現在も有力な方法として使われているそうです。

図1　アイウエオ順に並べた折れ線グラフ

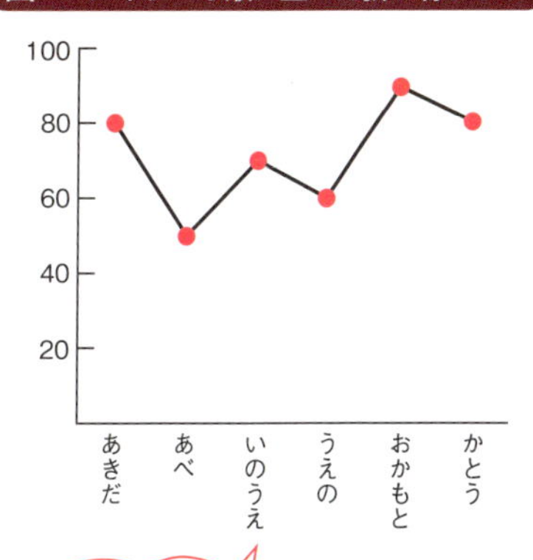

図2　アルファベット順に並べた折れ線グラフ

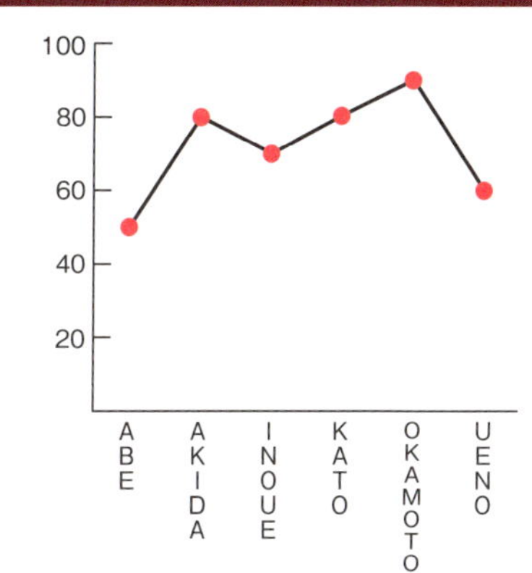

社員の営業成績を比べるとき、折れ線グラフだと順序によって印象が変わってしまう

図3　アイウエオ順に並べた棒グラフ

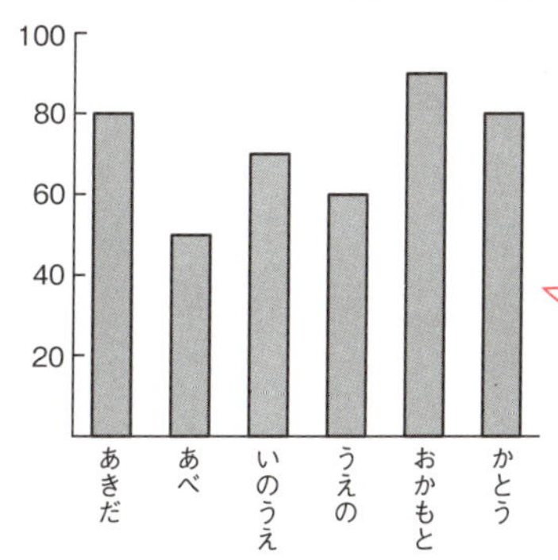

棒グラフだと順序が変わっても印象はあまり左右されない

図4　A課とB課の営業成績

くっつけると課全体の成績を比べやすい

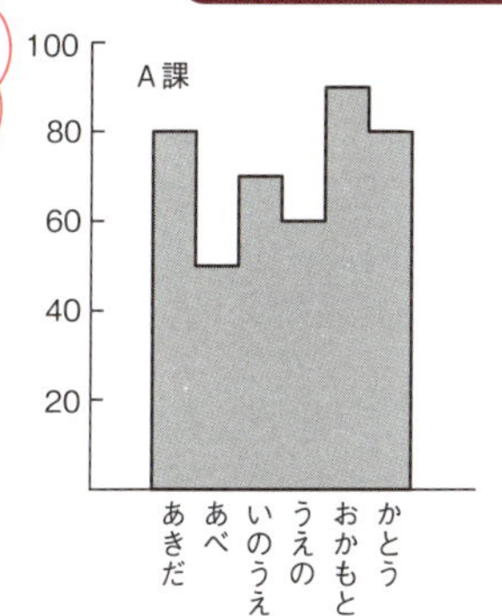

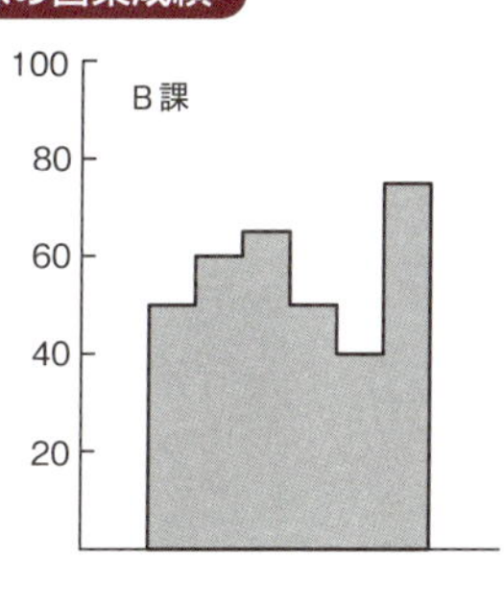

折れ線グラフもなめらかだと考える
折れ線グラフも「関数」のグラフでした

●折れ線グラフも「微分」と関係あるの？

ここで、「関数」とカッコつきで書いた理由は、多くの方が１次関数、２次関数、３次関数……、三角関数、対数関数……など、学校で出てきた関数だけが関数だと思っているからです。つまり、折れ線グラフで表される関係を関数とは思ってくれないのです。

でも、折れ線グラフで表される関係も立派な関数です。たしかに、よく見かける折れ線グラフと１次関数や２次関数などのグラフは、少し感じが違うかもしれません。

折れ線グラフは、本当に折れ線で、いたるところに角があって、本書のタイトルの「微分」とは縁がなさそうな外形をしています。

●グラフは有限個の点のプロットから

でも、折れ線グラフは関数のグラフとまったく同じものと見なすべきなのです。

まず、その目的が同じです。つまり、「量の変化をわかりやすく見せて、その変化の特徴的な点を探り出し、そしてどのようなときにそれが起こるかという理由を分析するための助けにする」というところです。

折れ線グラフと「関数」のグラフとの違いは、折れ線グラフは飛び飛びの点でプロットしてそれを直線でつないだところです。間の点が抜けていると、なにか厳密でないような気もします。

でも、皆さんが、実際に「関数」のグラフを描くときだって、いくつかの点を記入してから、「これは本当はなめらかなグラフになるはずだ」という確信のもと、なめらかな曲線にしているのではないでしょうか。その確信だって、自分で確かめたことなんかないと思います。

ですから、飛び飛びの点をプロットしているなんて、そんなに本質的な問題でないのです。折れ線グラフになっている、いろいろな値だって、連続的に調べていけば、本当はなめらかになっているはずだと考えればよいのです。

ギザギザの株のグラフも

もう1つの違う例をあげましょう。「関数」のグラフはなめらかですが、株のグラフは、なめらかになりそうもない代表的なものです。

そして、株価のグラフこそ折れ線グラフで描くべきものです。その理由は、株は前後との増減の比較が大きな意味をもつからです。

たとえば、今N社の株が100万円だとしましょう。この値段を見て、200万円で買った人（買った時期はA）は「100万円の損だ」と嘆くことでしょう。しかし、80万円で買った人（同じくB）は、20万円儲かったと喜ぶでしょう。この状況はP18の折れ線グラフで一目瞭然です。

実際の株の価格のグラフはギザギザしていますから、まさしく「関数」のグラフとは違っているように思えます。しかし、このようなことは、今すでに「関数」のグラフで描くべきであると誰もが認めているグラフでも起こりうるものです。

たとえば、2次式で表される物体の落下運動でさえ、観測値でグラフを描くとそうなります。

つまり、なめらかな曲線になるべきものが、観測誤差などにより、実際の曲線の上下に揺れて出てくるのです。

観測値でグラフを描くと普通どんな場合でも誤差があるものなのです。

株の場合でも、おおよその形で近似できるなめらかな曲線だと思えばよいのです。

折れ線グラフも「関数」のグラフ

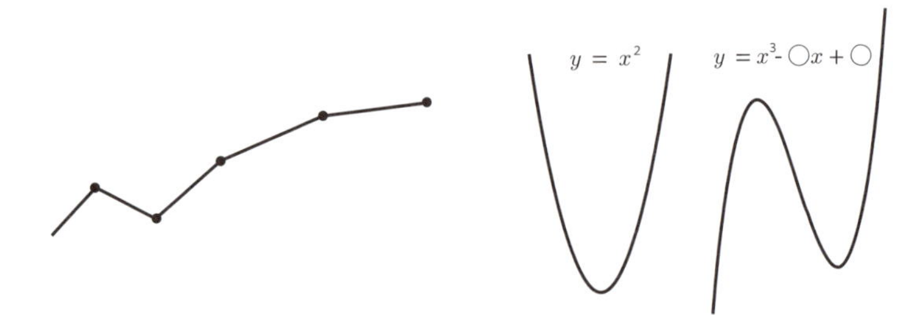

株価の変動を表すグラフ

万円
N社の株
200
100
80
A
B
現在
Aの時期に
買った人は
「100万円の損」
と一目瞭然

物体の落下運動のグラフ

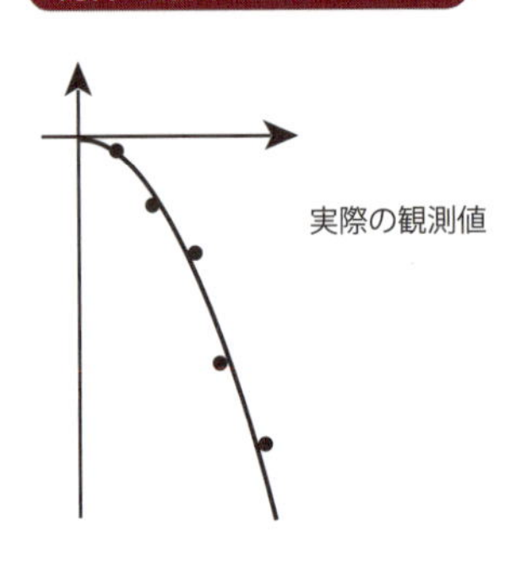

〝その点のまわり〟というキーワードを読み解こう

株の動きから目を離せない！

あそこで買っていれば……！

グラフの説明で株の値動きをよく使うので、「私が株を買って、しかも大損した」というウワサが一時流れ、嬉しそうに「どれだけ損したの？」と聞いてくる友人までいました。

私は、投機目的で株を短期で売買することは好きではありません。それに金もありません。だから株は買いません。

でも、株の値動きは、グラフの応用としてもっともわかりやすいものの１つですから、ここでもそれを使いましょう。

前項でギザギザのグラフから曲線のグラフに近似したＮ社の株のグラフを再び見てください（P21）。今Ｎ社の株が100万円だとしましょう。この値段を見て、200万円のとき、まだ上がると思って買った人は100万円の損でした。また、80万円で買った人は、20万円儲かったでしょう。

理論的には、値段がその付近でもっとも安いＣ、Ｄなどで買い、その付近でもっとも高いＥ、Ｆなどで売れれば、儲かります。ただ、あとになって、このグラフが描けたのです。こんなふうに株の値が推移していくことがわかっていれば、200万円で買う人はいないでしょう。

現在の株価が高値のピークなのか、あるいはまだ上がるのか、明日の値さえわからないことがあります。あとで、「あそこで売ればよかった」とわかるのが普通です。この時機を判定する完全な理論は絶対できません。その理論ができたとたん、その理論で株価が狂ってしまうからです。

その昔、額面５万円のＮＴＴ株が、318万円まで上がったときにも、「まだ上がる、500万円まで上がる」と一般投資家をあおり、地獄に落とした「専門家」が何人もいます。この人たちの中で責任をとった人の話は聞きません。それというのも、「下がるとは思わなかった」といういいわけが通用するからです。

しかし、そのような恐ろしい株の動きも、経済の理論のためにその構造解明に近づく努力は必要です。このようなわからないものを分析するときにこそ、グラフが有効なのです。

その点のまわりで最大＝極大値

さて、株の売買はこれからも続き、このあとこの株が大暴落で紙切れ同然になったり、逆に大暴騰が起こり、何倍もの値段になる可能性もあります。ですから、売り時であるピークの高値と買い時である底値は、株のグラフでは重要な点です。この点は、いわゆる全期間を通しての「最大値・最小値」ではありません。「その点のまわりの最大値・最小値」です。

投機目的の株価では短期間の値段の差が問題なので、「その点のまわりの最大値・最小値」こそが重要なのです。ですから、このような点に名前をつけておきます。ある一定期間の中の最大の値を「極大値」といい、最小の点の値を「極小値」といいます。これらの2つをあわせて「極値」といいます。

株の大暴騰とは？

株の短期売買では、効率を勘案して「価格の上昇率（低下率）」も重要な意味をもちます。それは、（上昇した価格）／（期間）というものです。

図では、CからAの間の上昇率は、グラフの対応する点の線分の傾きに対応していることに注意してください。

この値が極端に大きくなった場合を「大暴騰」（マイナスの方向に大きくなったときは「大暴落」）といいます。

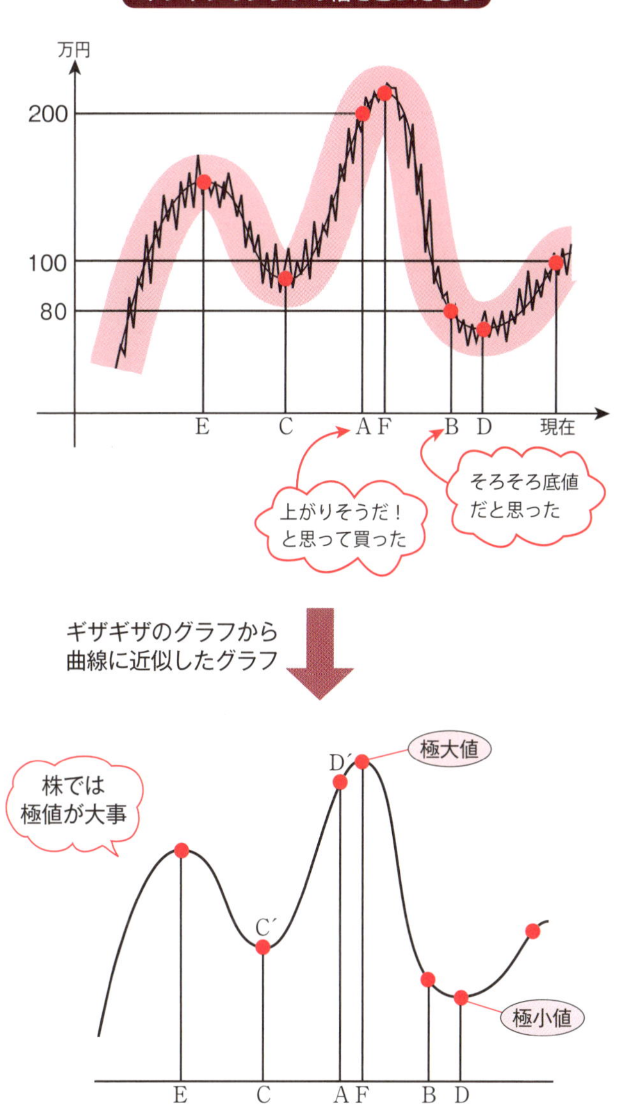
ギザギザのグラフの幅をとったもの
万円
200
100
80
E
C
A
F
B
D
現在
上がりそうだ！
と思って買った
そろそろ底値
だと思った
ギザギザのグラフから
曲線に近似したグラフ
株では
極値が大事
極大値
D´
C´
極小値
E
C
A
F
B
D

ハンドルさばきは、グラフで見ると面白い！

運転中の微分!? カーブの曲がり方

グラフが切れるときは注意！

次の問題は、昔からよく知られている問題です。私は自動車の教習所で聞いて感心したものです。

問題
直角の交差点を車で曲がるとき、あなたは、P24 図１の①と②のどちらの軌跡のほうがよいと思いますか。

ただし、①のほうは、直線と直線をつなぎ目がスムーズになるように円弧でつないだものです。
一方、②のほうは、①の線より曲がりはじめが早く、曲がり終わりも遅いような線です。
軌跡の図としては①のほうが描きやすく、見た目も美しく、キビキビとしたハンドルさばきを予想させます。ところが教習所の教官は②でなければダメといいます。なぜでしょうか？

キビキビ操作か急ハンドルか

先ほど①の運転を「キビキビとしたハンドルさばき」といいましたが、キビキビしすぎると「急ハンドル」になるのです。
というのは、直線を進むときは、ハンドルをまっすぐにしたままです。それが、円弧の部分に入ると、今度はハンドルを一定の角度に切ったままにしなければなりません。
つまり、直線と円弧の部分のつなぎ目のところで、いきなりハンドルを回転します。
それからハンドルをその角度に切ったまま、円弧部分を通過して、また直線部分に入るところで、素早くハンドルをまっすぐの方向に戻さなければなりません。

グラフで分析すると

では、どうして急ハンドルがいけないのでしょうか。この分析にもグラフが役立ちます。

問題の①のハンドルさばきについて、グラフを描いてみましょう。図2のグラフがそれです。横軸が時刻で、ハンドルの切った角度を縦軸にとってあります。この曲がり方の問題点を明確にするため、実際には曲がるとき速度をゆるめるのですが、一定の速度として描いてあります。

グラフは、直線から円弧に変わるところで、切れて飛び上がっています。そして、円弧から直線に戻るときに再び切れて戻っていますね。つまり2か所の点でハンドルの切る角度のグラフが切れています。このグラフを見ただけで、直観的に運転がスムーズにいっていないことがわかるでしょう。

まるで、株のグラフの大暴落と大暴騰が起こったような形です。

一方、②のハンドルさばきのグラフは、切れない曲線になっています。

全然違うグラフなのに同じ角度90度を曲がれるのは、これらの曲線と時刻軸の間の面積（図のアミがけの部分）が同じ90度分に対応しているからです。面積は、ハンドルを切ったときの累積の曲がりになるのです。

このグラフの「切れ」ということがどのような危険をおかしているのか、自動車のうえに戻って考えてみましょう。それが図4です。

スピードをゆるめていたとしても、Aの点では、車がまっすぐ前のほうへ進んでいるのに、ハンドルを切ることになります。

そうすると、急ブレーキをかけたのと同じ状態で、スリップする可能性が強いのです。

図1　どちらの軌跡がよいか

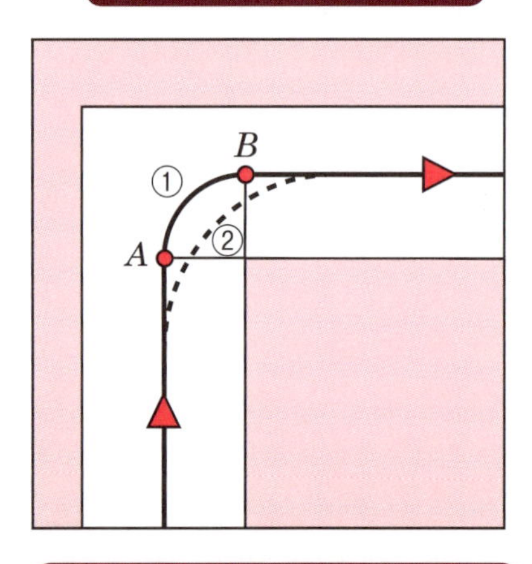

図2　①のハンドルさばきをグラフ化

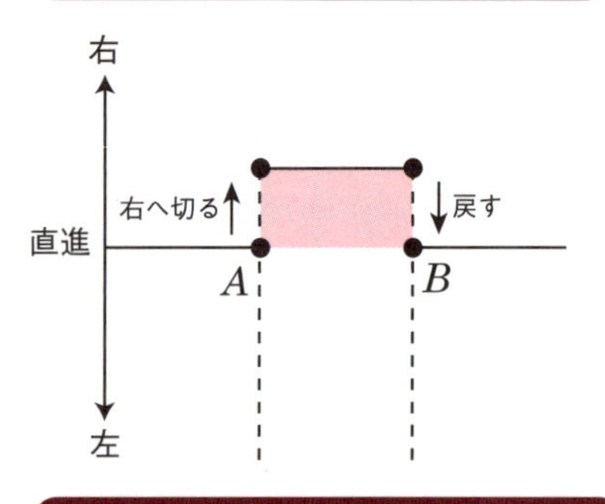

図3　②のハンドルさばきをグラフ化

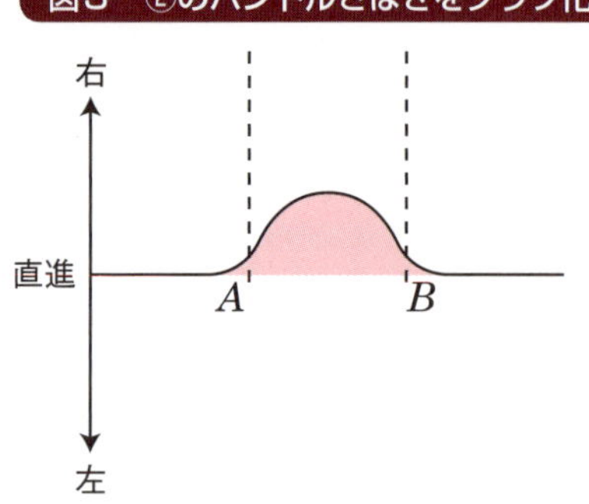

図4　これは危ない！

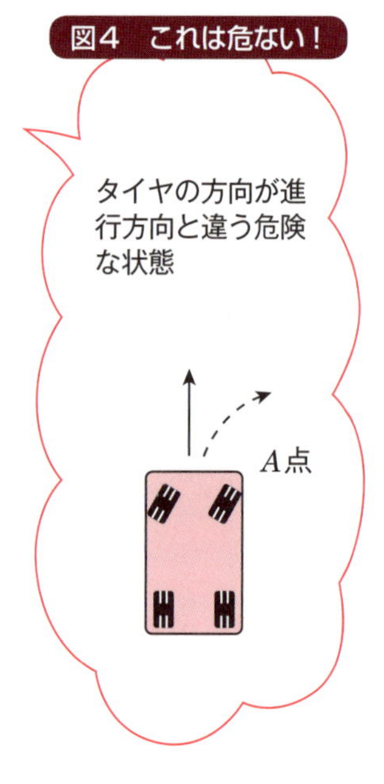

微分積分は、おおざっぱにとらえるからこそ、見えてくる

積分の考え方で、図形の面積を求める

棒グラフの面積

値の変化が見やすい折れ線グラフに対して、棒グラフは、その面積から構成員の成績の合計がわかりやすいことを説明しました。この棒グラフの役割をもう少し考えてみましょう。

まずは、もっともやさしい直線図形の面積から考えます。

長方形の面積は「縦×横」ですね。これを細い棒グラフに分割しておきます（P27の図は図版作りの手間も考えて妥協してあります。本当はもっともっと細く線のようになっていると思ってください）。「もうすでに計算できるのに、なんで分割するの？」と、疑問があるかもしれませんが、少々おつきあいください。

これを、斜めの線にそって、ずらしておいてみます。そうすると、平行四辺形ができ上がります。これが「積分の発想」です。

ん！「斜めの線のところはギザギザじゃないか」って？　長方形は線のように細いから、そんなことわからない！

この、おおざっぱな感覚が微分積分を成功に導いた要因なのです。

この面積はどうなるでしょう？

１つ１つは細く切った長方形で、全部あわせると大きな長方形だったものをずらして置いただけですからやはり面積は変わりませんね。

こうして、平行四辺形の面積が、「横×高さ」となって出てきます。

ずらし方を変えても、面積は変わりませんから、この公式はどんな平行四辺形にも成り立つことがわかります。

三角形の面積も同様

次に三角形の面積を考えます。この公式も皆さんご存知だと思いますが、意外とそれの導き方を忘れていたりするのです。

これもやはり、細かく切ると、細い台形になりますね。それぞれの短冊は線のように細いから、両端の形は、気にしないでください。

三角形の場合、もう1つ同じ短冊にして、ひっくり返してくっつけます。そうすると、平行四辺形が出てきます。

その平行四辺形の面積は、「横×高さ」ですから、元の三角形の面積はそれを2で割って、「(横×高さ)÷2」となります。普通、三角形の場合、この横のことを「底辺の長さ」といいますので、公式は、

底辺の長さ×高さ÷2

となります。

これを、いろいろずらしてみると、三角形の面積も同じ底辺であれば、ずらしても面積が変わらないことがわかります。

台形の面積を削除した意味

ひところ、教科書から台形の面積の公式を外したことが大問題になりました。しかし、じつは、この公式が外れたことよりも、この公式を外さざるをえないほどの授業時間の削減が問題だったのです。

これも簡単に出てきますね。2つの台形をひっくり返してくっつければ、平行四辺形になるからです。そして、その横の長さは、上下の横の長さを足したものでした。

つまり、1個の台形の面積は、「上下の辺の長さの和×高さ÷2」となります。

上下の辺の長さのことを、上底、下底といったわけですから。この式は、

(上底+下底)×高さ÷2

と、簡単に出てきます。

細かく切った長方形をずらしてみると

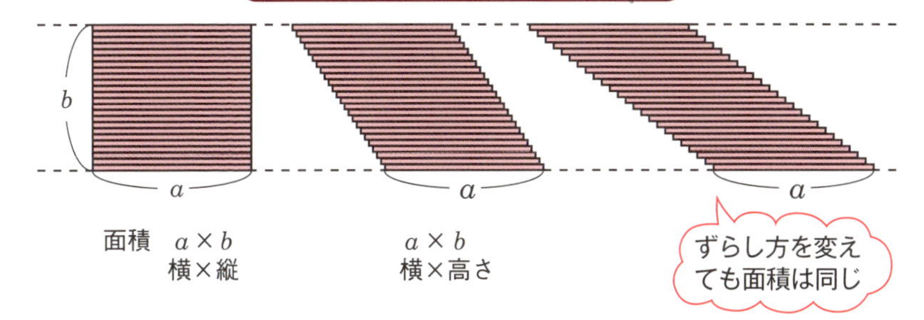

2つの三角形をくっつけてみると

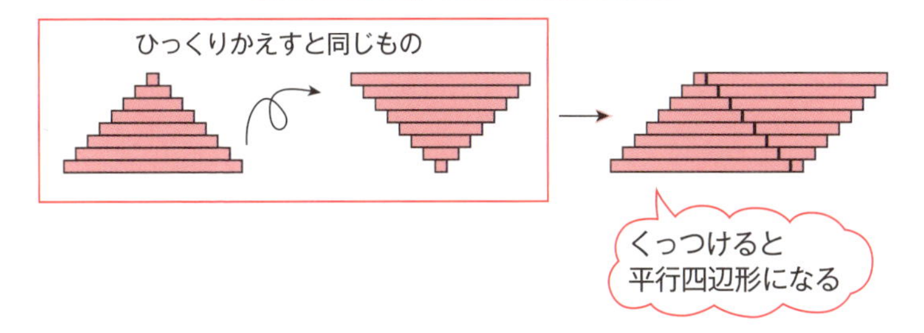

三角形をずらしてみると

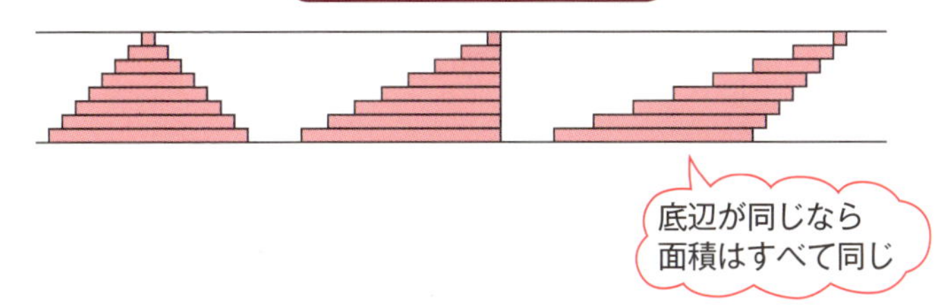

2つの台形をくっつけると

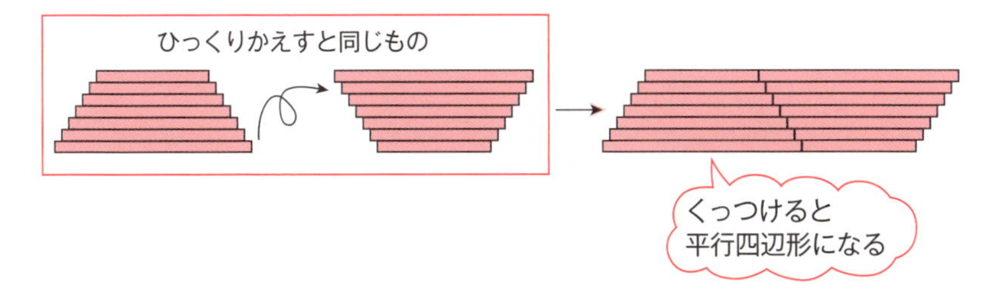

簡単な結果が出たら、もっと簡単にならないか、疑ってみる

扇形の面積の求め方を工夫する

従来の扇形の計算法

前項までの話なら、短冊形に切ったことがそれほど有効だったようには見えません。ここからが本番なのです。

P30 図１のような、半径と円弧の長さがわかっている扇形の面積を求めたいのです。

これは、積分の考え方を用いないと、公式を覚えるか、半径と円弧の長さから中心角を求めて、それを使うことになります。でも、この中心角が非常に大変な値になり、最終的な簡単な答えが出る前にギブアップしかねません。

ところが、前項の方法の続きと考えると、三角形の公式だけですむのです。

三角形と扇形の類似

薄いトイレットペーパーの一部を縦に切りとって、平らな床にバサッと落としたと考えてください（図２）。積み重なった形はどう見ても三角形ですね。

つまり、半径 r、円弧の長さが a の扇形は、高さ r、底辺の長さ a の三角形と同類であることが浮かび上がってくるのです。

ですから、この扇形の面積は、

（円弧の長さ×半径）÷２

となることが、わかりますね。

実際の社会で扇形の面積が必要になる場面は、ピザを分けるときとか、工事用の円すいコーンを作るとき、それにペンキを塗るときなどです。これらの例でも、ピザ以外では、中心角より円弧の長さのほうが測りやすいですね（図３）。

台形と似た形になるのは

さらに、図4のように扇形から同じ中心角をもつ小さな扇形を切りとってできる図形と同じように切った図形（たとえば、本当に扇の紙の部分の面積がそうですね）ならば、どうでしょう？

やはり、芯ありロールのトイレットペーパーを切って落としてみます。今度は台形になりますね。

ですから、この面積は、$(a+b) \times r \div 2$ となりますね。

結果が簡単になるときは

ひと昔前のことですが、理学部の数学科と物理学科の学生が100人近くいる授業で、「この面積を誰か計算してください」と呼びかけたことがあります(曲線の回転体の表面積の計算で必要でした)。誰も名乗り出てきませんでしたので、それを次の回までの宿題としました。

次の授業では、計算してくれた優秀な学生がいました。彼はやはり中心角を求めるところでかなりの手間をかけました。結局、2面ある黒板いっぱいに計算式を書いて、答えは、先ほどのものと同じ

$$(a+b) \times r \div 2$$

になっています。そこで、ちょっと水を向けてみました。

「この答えの式に何か見覚えない？」

やはり優秀な学生です。すぐ答えてくれました。

「似ているといえば、台形の公式？」

「そうだね。では、計算も台形のようにできないかな？」

「……」

残念ながら、ここからは、私が説明することになりました。

結果が簡単で、しかも既存のものと類似しているときは、その計算過程も既存の計算方法を使えないか疑うことが大切です。

この話は続きます。

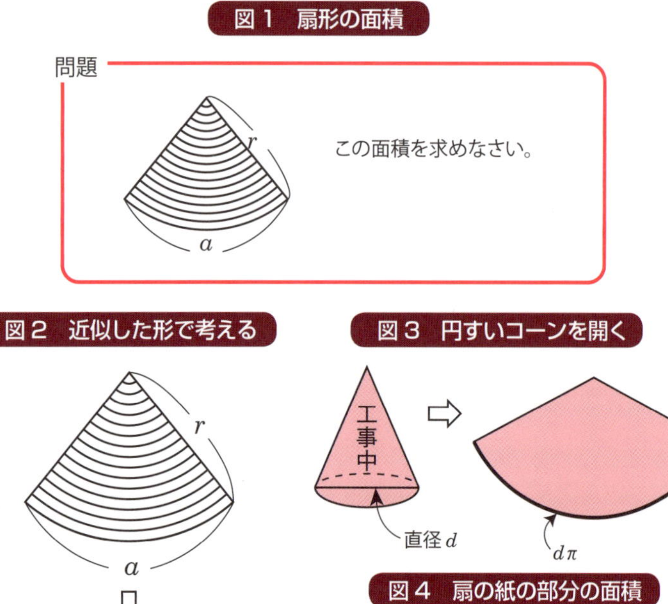
図１　扇形の面積
問題
r
a
この面積を求めなさい。
図２　近似した形で考える
図３　円すいコーンを開く
工事中
直径 d
dπ

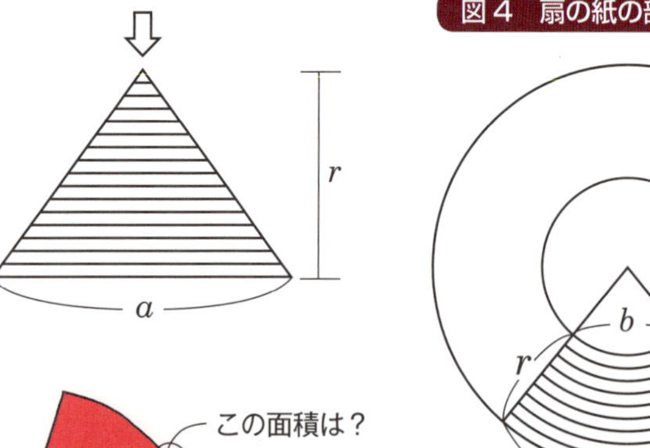
r
a
図４　扇の紙の部分の面積
b
r
a

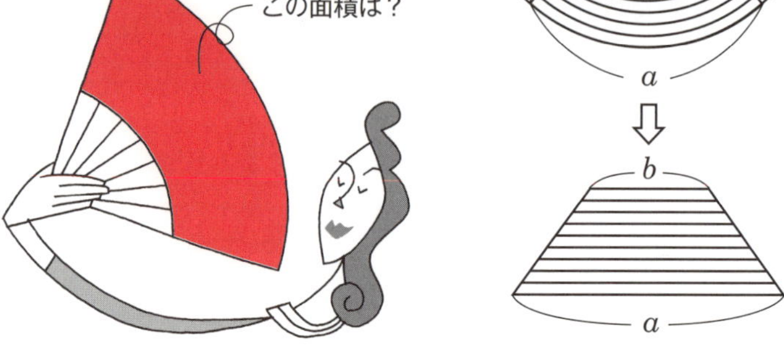
この面積は？
b
a

みんな、そんなに難しく考えることが好きなの⁉

微分・積分の真髄は、おおざっぱに考えること

学生たちが難しく考えた理由

前の項の後日談です。

数学科と物理学科といえば、少なくとも数学には自信のある学生が一番多くいる学科です。その学生たち100人近くがいる教室で、扇の紙の形の面積を自信ありげに計算した学生は１人。しかもかなり面倒な計算をしていることに私はショックを受けました。

ところが、数年後の東大の入試問題本の解説を見て、あの学生の計算がそうなる理由がわかりました。

その本は受験業界で権威ある入試問題の解説の本です。しかも、東大の問題には、その本の執筆者の中で一番の権威者が当たるはずです。

入試問題は雨粒が当たることによる抵抗を計算するための途中の計算問題です。それは、P33図１で示したように、

「円すい台の側面積を求めなさい」というものです。

その入試問題の解説書の解答を図２に示してあります。しかし、いくらあとの問題に使うからといっても、こんなに難しく解答を書く必要はないでしょう。このような解答が模範解答では、学生の円すい台の側面積に対する見方がおかしくなるのも不思議ではないような気がしました。

ニュートンが微分積分を考え出したときに、「厳密ではないが、結果的に答えがあって便利なもの」という評価のされ方をしていました。微分積分の真髄はおおざっぱに考えることなのです。

こんなに簡単になる

この問題は､台形の公式で簡単にできることはすでにお話ししました。

ここでは、さらに簡単に処理するために、もう少し積分的な発想で

分析を続けてみようと思います。

図3に、今までの扇形と扇の紙の形の積分的な計算の方法を示してあります。ただし、今回の図には、真ん中の線だけ特別に強調して描いておきました。

こうしてみると、じつは三角形、扇形、台形、扇の紙の形などすべての面積が、次の形で表されることがわかります。

「真ん中の帯の長さ×幅（r）」

これは、真ん中の帯の長さが、すべての帯の長さの平均になっているからです。

それで、東大の問題に戻ります。

この問題の解答も、扇の紙形にもっていくまでもないのです。図4で示したように、ＡＢの中点をＤとするとき、Ｄが回転してできる円の円周の長さはＡＢ上のすべての点が回転してできる円の円周の長さの平均になっています（これは、Ｄでの回転半径が他の点での回転半径の平均になっていることから出てきます）。よって、ＡＢの回転体の面積は、次の式で与えられます。

ＡＢの長さ×点Ｄの回転量

ＡＢの長さは、ピタゴラスの定理から求め、回転量は点Ｄとｙ軸の距離から出します。

等差数列の和の公式も

この考え方は、等差数列の和の公式にも使えます。

等差数列とは、同じだけ増えていく数列のことです。その増える量を「公差」といいます。この計算の基本は、

（最初の項＋最後の項）×項数÷２

です。でも、（最初の項＋最後の項）÷２は平均値で、この式は、平均値×項数ということを意味しています。

図1　円すい台の側面積

問題

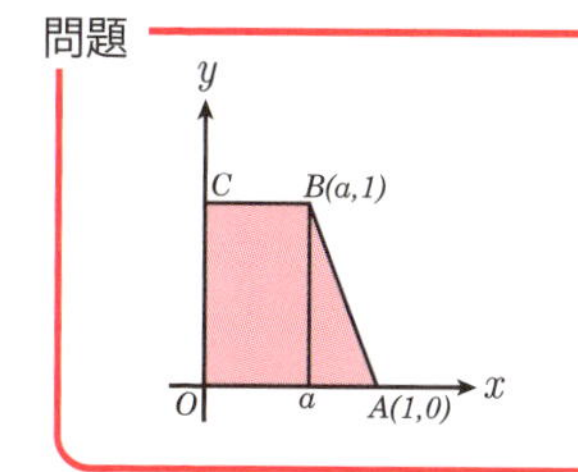

この図形を y 軸回転させたときにできる円すい台の側面積を求めなさい。

図2　ある解答

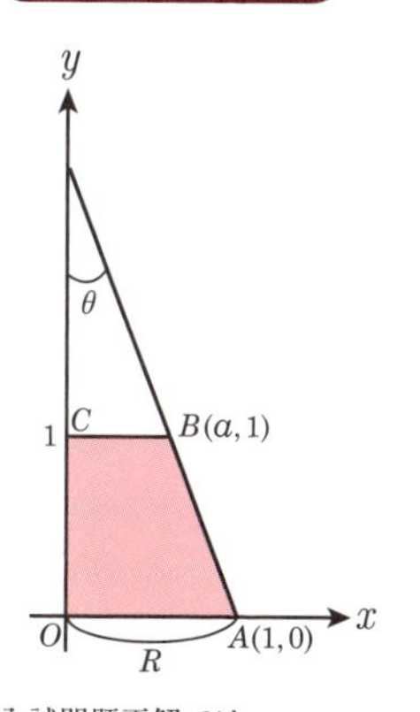

某入試問題正解では、図の角度を θ、x 軸上の辺の長さを R とおいて、複雑な計算をして

面積 $= \pi R^2 \dfrac{1}{\sin\theta}\left\{1-\left(\dfrac{a}{R}\right)^2\right\}$

と出したうえで、$R=1$ を代入して、

面積 $= \pi \dfrac{1}{\sin\theta}(1-a)^2$

とやっていた。

図3　真ん中の帯に着目

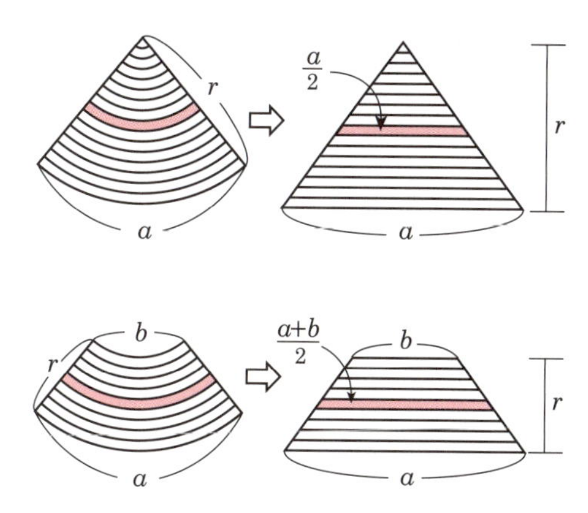

図4　簡単な解答

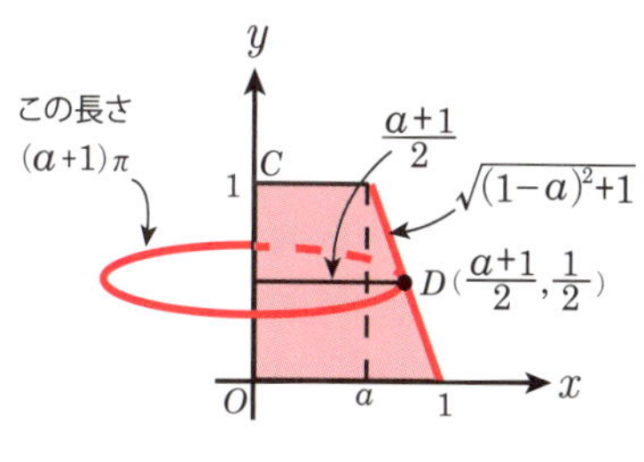

答え　$(a+1)\pi \times \sqrt{(1-a)^2+1}$

コラム

微分・積分と経済学者たち

20年くらい前、学習指導要領の議論が騒がしかった時期に、「微分積分が、文系の生徒があまりとらない数Ⅲだけになる」というウワサがかけ巡りました。

それで、経済で数学を使う有志が声明を出して、当時の文部省の意見窓口に提出したことがあります。

そもそも、経済系を文系の範疇に入れている今の状態がおかしいので、経済系は準理系とみなすべきなのです。

近代経済学の祖、J・M・ケインズはI・ニュートンの散逸した膨大な資料の半分を収集して、ケンブリッジ大学に納めたことはよく知られています。つまり、ケインズは、ニュートンの仕事が重要だったと考えていたからです。

でも、その中には、とんでもないものも多く含まれていたようです。ケインズはその資料を熟読して次のように述べています。

「ニュートンは、決して理性の時代のトップバッターであったわけではないのだ。彼は最後の魔術師であり、最後のバビロニア人であり、最後のシュメール人であった」

一方の、マルクス経済学の祖、K・マルクスは微分積分をどうとらえていたでしょうか。『数学遺稿』によると、

「ニュートンおよびライプニッツは、彼らの後継者の大多数と同じく、最初から微分学の地盤の上に行動した。このゆえに、微分的表現は最初から、後にその現実的等価物を見出すべき演算公式としての役割を務めた。この中にあらゆる手品がかくされている」

と述べており、極限の誤った解釈を批判した文章もあります。

どの経済学を学ぶにも、微分積分の概念は大切なのです。

第2章

曲線とは何か？
指数とは何か？

～バウリンガルは、実は波の応用だった！

数学の暗黒時代をすくったのが、この座標だった！

生まれるべくして生まれた座標

座標の起源はデカルトかフェルマーか

17世紀の初めに、座標が導入されて、数式で表されていた直線や曲線が図形として表現できるようになりました。

多くの数学史の本には、「直交座標の導入はデカルト」と書かれています。

でも、私たちが訳したS・ホリングデールの『数学を築いた天才たち』によると、「デカルトの『幾何学』には、今日解析幾何学と通常考えられているものに類似した点はわずかにしかない」とまでいい切る数学史家もいるそうです。ただ、数式の表現方法はデカルトのほうが今の表記法に近いということだそうです。

フェルマーのアイデアは、アポロニオス（紀元前262～190）の『円錐曲線論』の研究の中で得たといわれています。この本は、放物線、だ円、双曲線をかなり体系的に、調べつくしていて、「座標と類似のものを使ってそれらの曲線を調べたのだろう」と考えられていました。もし、フェルマーがその本からアイデアを得たのであれば、「座標の起源は紀元前200年頃だ」ということもできるかもしれません。

しかし、アポロニオス後、表舞台には強固な論理をもつ『原論』だけしか残りませんでした。

座標が入ってきた頃

さて、座標が登場する直前の16世紀頃、ヨーロッパの数学は「暗黒時代」から目覚めようとしていました。まず、アジアからアラビア経由で方程式を解くための学問、すなわち代数学が入ってきました。そして、それが、イタリアでタルタリア、フェラーリなどの、3次方程式・4次方程式の解法へと発展していきました。一方、物理学・

天文学では、望遠鏡ができて16世紀の後半には、ガリレオ、ケプラーなどによって天体の構造の解明が飛躍的に進んでいました。

彼らはついには、「惑星はだ円軌道である。地球も惑星の1つ」と主張することになります。つまり、コペルニクス的転回が起こっていたのです。

さらに、ヨーロッパで重要な戦争技術の方面から見ると、大砲製作技術の進歩が、弾丸の軌跡である放物線とその接線の研究を必要としていました。こうして、これまでの「円と直線だけの幾何学」では記述しきれない現象が、次々と明確になっていました。このような状況を考えると、座標はまさに生まれるべくして生まれたといっていいでしょう。

代数学と幾何学が座標で結びつく

この座標で、幾何の対象だった曲線の上の点がどういう条件を満たすのかを書くと、代数の方程式になります。逆に、代数の式は曲線あるいは直線で表され、いくつかの式を同時に満たす解は、それらの曲線あるいは直線の交点になります。つまり、代数の問題は幾何の問題になります。こうして、代数学と幾何学が座標によって再び結びついてしまったのです。これは、革命的なことでした。

代数は、式を立て計算で方程式を解くので、精密な値を出せます。でも、式は文字と数字の羅列で、形が見えません。逆に幾何は、形はハッキリしていますが、値が不明確なことがあります。また、すべての場合をつくしたかどうかに不安が残ります。「アポロニオスが座標を使った」と思われたのも、代数の力で、場合をつくしたのではないかと推測されたからなのです。ですから、「幾何と代数が座標で結びついたのが革命的」といったのです。

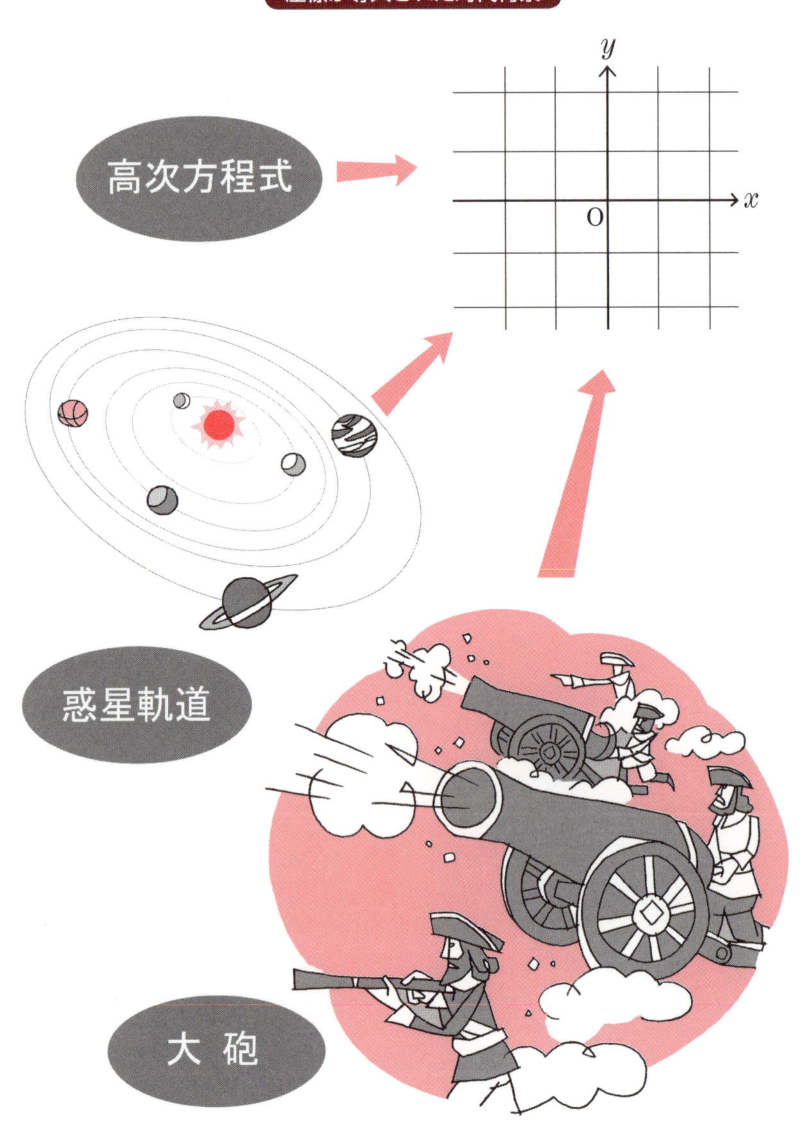
座標が導入された時代背景
高次方程式
惑星軌道
大砲
y
x
O

対応する数のしくみを見つけ出せ！

関数とは何か

自動販売機と関数

「関数」は、よく自動販売機にたとえられます。缶ジュースの自販機を考えてください。この機械に決まったお金を入れて、飲みたいジュースのボタンを押すと、そのボタンに対応した缶ジュースが出てきますね。お金を入れて、ボタンを押したのに、品物が出てこなかったり、１つのボタンに２つも出てくると、自販機として機能していないことになります。

以前は、２つ出てくると「ラッキー」と、２本とも飲んだのですが、これも毒入りジュースの事件が続いて、ラッキーとはいえなくなりました。それに、自販機の性能も向上して、故障で２本出てくることもあまりなくなりました。

ただ、よく売れる商品は、品数を増やすためと、目立たせるために、複数のボタンに対応していることがありますね。こういうことは関数でも許されます。

この説明でおおかたわかったと思います。関数とは、１つの数 x を入れると、それに対応した数 $f(x)$ が必ず１つ決まる仕組みです。自販機と同じように、複数の数値 x_1、x_2 が１つの値に対応することは許されます。

関数は、対応はわかっているけど、あまりその構造がわからないときにも有効な概念です。そのようなとき、とりあえずその対応を $x \to f(x)$ と置いて調べることができるからです。

関数の例

すでに多くの方は、１次関数、２次関数は学んだことがあるでしょう。その先に３次関数……、n 次関数、三角関数、指数関数、対数関数なども高校で学びます。これらはすべて、構造が明確なものですが、実際の自然界や社会現象では、むしろ構造がまったくわからない例が圧倒的です。

しかし、今あげた関数をもとに、わからない関数を研究することができます。対応の構造を調べるときに、「これらの関数の中に（部分的でも）近いものはないか、あるいは組み合わせて近づけられないか」ということから迫っていくのです。

P41図1の3つの例は、矢印で対応を示しています。

このうち①は関数ですが、②、③は違います。というのは、②は「それぞれ1つ対応する」という条件にあっていません。なぜなら、1から、2つ対応しているからです。③は1の行き先$f(x)$がありません。

関数のグラフ

今の例のように、xの個数が少ないときは、矢印で対応を図示できます。でも、xに実数全体や実数の区間などが用いられることが多いのです。そこで、対応を図示する方法がグラフです。

関数が与えられたとします。

この関数のxにある点pを代入して、

$$f(p)=q$$

のとき、図のようにx座標p、y座標qの点$(p,\ q)$をプロットします。このような操作をxの各点で行って、それらの点をなめらかにつなげていきます（ここに小学校以来の折れ線グラフの作業が生きてきます）。

こうしてできたものを関数$y=f(x)$のグラフといいます。

このように関数を図示するためにグラフを用います。逆に、グラフが与えられたら、ある関数を表していると考えることもできます。グラフから、関数を推測することも現象の解明には重要です。

図1　関数とそうでないもの

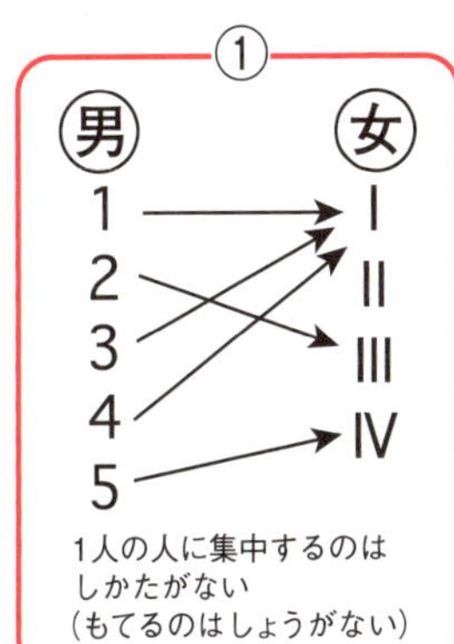

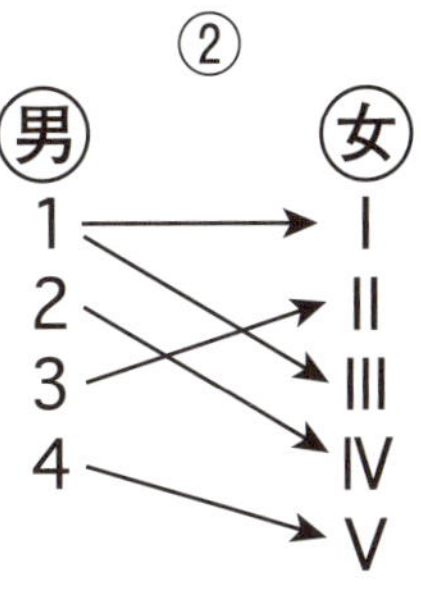

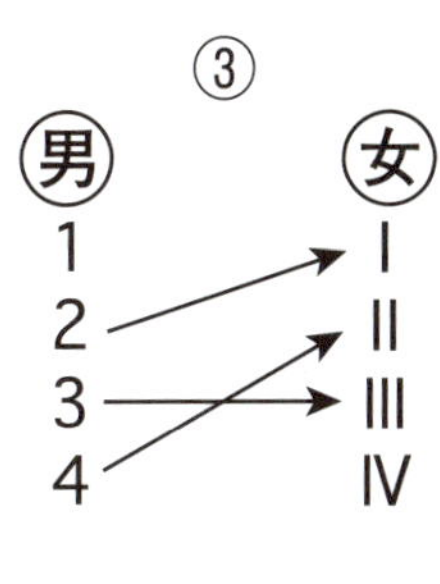

どれか1つに必ず
対応する。それが
関数

図2　関数 $y=f(x)$ のグラフ

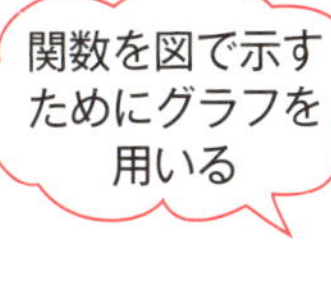

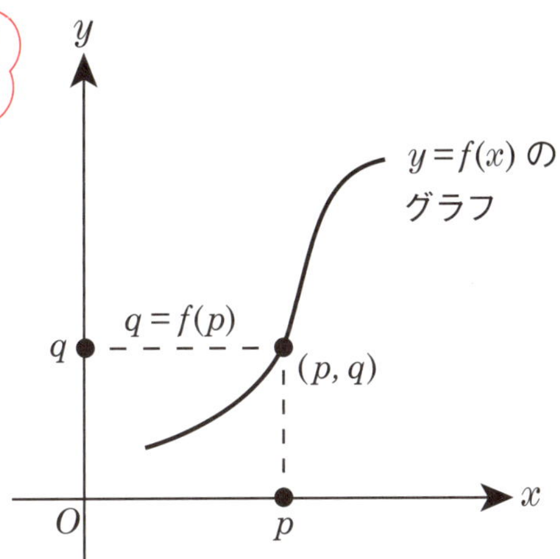

小学生でもわかる１次関数のポイント
あくまでも直線のグラフが基本

直線グラフって何？

関数のグラフの点を飛び飛びにとってつないだものが折れ線グラフでした。そして折れ線グラフはいくつもの直線（線分）でできています。

こうして、関数のグラフを分析するときに、部分部分を直線のグラフに近似できそうだとわかるでしょう。ですから、直線のグラフが基本になります。

比例のグラフ

じつは小・中学校で学んだ比例のグラフは、直交座標の上に描いた直線のグラフのもっとも基本のものと考えられます。

その比例の式は、比例定数を k とすると、

$$y = kx$$

と表されます。この式のグラフが原点を通る直線であることは、小学校のときに勉強したはずです。

P44 図１に、$k = 3$ のとき、x に整数値をいれて y の値を出した表（表１）と、その表に基づいて点をプロットしてつないだグラフを示してあります。たしかに原点を通る直線になっていますね。ここでは、整数値を入れてプロットしましたが、心配でしたら、x に 1/2 などの値を入れて y を計算して、やはり同じ直線にのることを確かめてください。この直線は、x が１増えると、いつでも y が３増えます。このとき、「この直線の『傾き』は３」といいます。一般に、直線 $y = kx$ は、x が１増えれば、y が k 増えますから、直線の傾きは k になります。

１次関数のグラフ

さて、先ほどの比例の式の左辺に定数 m を加えてみましょう。こ

れが x が1次式ということから、1次関数と呼ばれています。

つまり1次関数の式は、

$$f(x)=kx+m$$

の形ですが、このグラフは、

$$y=f(x)=kx+m$$

の x にいろいろな値を代入してプロットしてつないだものです。

P44に $k=3$、$m=2$ のとき、$y=3x+2$ の例があります。これに整数値を入れて y の値を計算したのが表2です。

これらの点をプロットしてつなげます。そうすると、図2のように、やはり直線が出てきます。この $y=3x+2$ の表2とさっきの比例の $y=3x$ の表1を比べましょう。

表2では、表1と比べると同じ x のところで、y の値がすべて2だけ上がっています。つまり、$y=3x+2$ のグラフは、$y=3x$ を2だけ上に移動したものであることがわかります。

したがって、このグラフは、直線で傾きはやはり3ということです。ついでに、y 軸との交点は $x=0$ のときの y の値で $(0, 2)$ となります。これを「y 切片」といいます（x 軸との交点 $(-2/3, 0)$ を「x 切片」ということもあります）。この場合、「y 切片は2」と簡略化していうこともあります。一般に、

$$y=kx+m$$

の形のグラフは、傾き k、y 切片 $(0, m)$ の直線です。もし、x に α、y に β を入れて、この式が成り立つとき、すなわち、

$$\beta=k\alpha+m$$

となるとき、座標平面の上の点 (α, β) はこの直線 $y=kx+m$ の上にあることになります。

つまり、この直線は $y=kx+m$ を満たす点 (x, y) の全体からなる図形と考えられます。

図1　$y=3x$ のグラフ

（表1）

x	…	−4	−3	−2	−1	0	1	2	3	4	5	…
$y=3x$	…	−12	−9	−6	−3	0	3	6	9	12	15	…

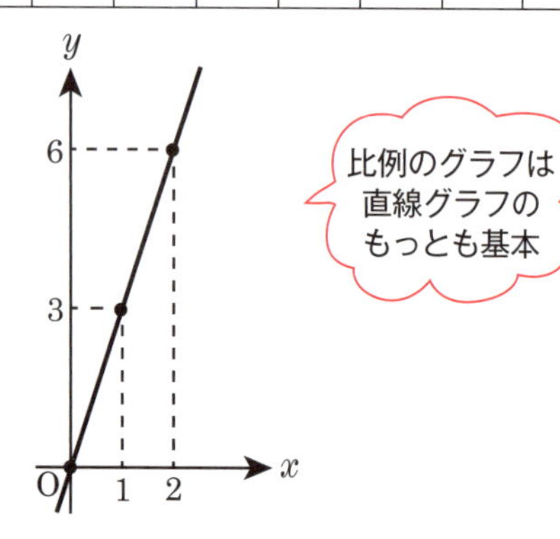

（表2）

x	…	−4	−3	−2	−1	0	1	2	3	4	5	…
$y=3x+2$	…	−10	−7	−4	−1	2	5	8	11	14	17	…

図2　$y=3x+2$ のグラフ

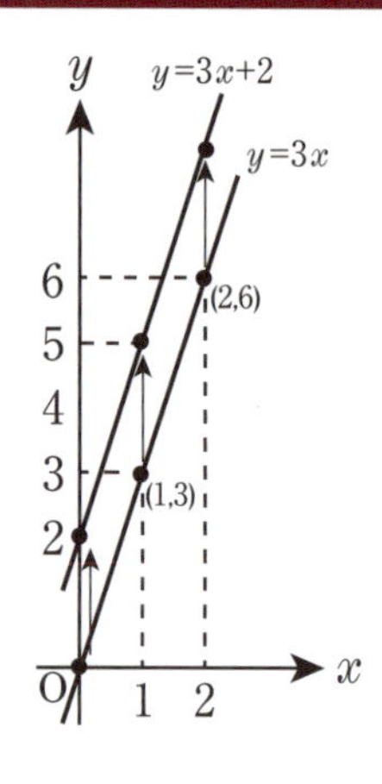

図3　$y=kx+m$ のグラフ

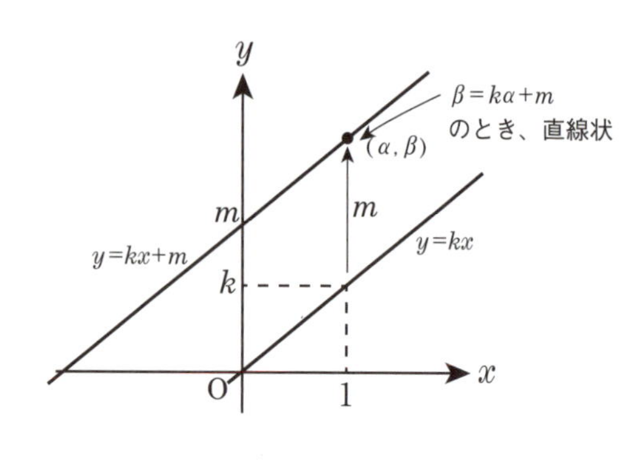

２次関数は、大砲の放物線研究のおかげだった！

２次関数のグラフは、放物線

２次関数のグラフ

１次関数は、$f(x) = kx + m$ のように、x についての１次式でした。これに対して、x に関して２次の形も含む関数も考えられます。これは、

$$f(x) = px^2 + qx + r$$

のような形になりますね。

この関数のもっとも簡単な形は、中学校でも学びますね。$p = 1$、$q = r = 0$ のときで、次の形です。

$$y = x^2$$

さらに、このグラフは、原点を頂点にもつ放物線の形になっており、頂点でもっとも小さな値になりました（P47 図の黒い線のグラフ）。

放物線とは、その名の通り、ものを放ったときにできる軌跡です。大砲の弾丸の軌跡も、当然その形をしています。

初期の大砲は、適当にズドンと撃って、遠かったら、近くに照準をずらして……、とやっていたので、軌跡は必要はありませんでした。不経済な武器でした。

でも、17 世紀の頃には大砲がかなり精密になりました。つまり、大砲の軌跡がかなり思い通りの放物線を描くことができるようになったのです。こうして、放物線、すなわち２次関数の研究が重要になってきました。

２次関数を研究する中で座標表示の必然性も高まり、大砲の筒が放物線の接線になっていることから、放物線の接線の研究が進みました。「接線」は、グラフがいつでも同じ傾きの１次関数では生まれようもなく、放物線でこそ出てきた概念です。

2次関数のグラフはすべて相似

今、$y=x^2$のグラフの話しか、しませんでした。じつは2次曲線のグラフは、すべて$y=x^2$のグラフと相似になるので、このグラフの性質さえわかれば、他の2次関数のグラフもわかるのです。

では、$y=2x^2$と$y=x^2$との2つのグラフが相似であることを確かめましょう。

いかにも、$y=x^2$のほうが、太いように見えます。しかし、$y=2x^2$のグラフを縦横それぞれ2倍してグラフを描いてみてください。

ついでに座標軸の目盛りを半分にすれば、グラフはあまり大きくなりません。そして、$y=x^2$のグラフと並べてみましょう。

そうすると、$y=x^2$上の点(a, b)と、縦横半分にした座標の点$(a/2, b/2)$が、同じ位置にありますね。この点$(a/2, b/2)$は$y=2x^2$の上にあります。

実際、$y=x^2$のグラフの点、たとえば、$(1,1)$、$(2,4)$をとって、x座標とy座標両方の値を半分にしてみましょう。

それらは、それぞれ、$(1/2,1/2)$、$(1,2)$になりますね。これらのx座標を$2x^2$の式に代入すると、それぞれのy座標になります。すなわち、この2点は$y=2x^2$のグラフの上の点です。

もし、心配でしたら、これ以外にも、$y=x^2$のグラフのいくつかの点の座標について調べてみてください。

一般に、$y=px^2(p>0)$について考えるときには、縦横をp倍すれば、$y=x^2$に重ねることができます。$p<0$のときは、$y=|p|x^2$を考え、それをx軸に関して対称に移します。

さらに、$f(x)=y=px^2+qx+r$のグラフは、$y=px^2$を平行移動すれば得られます。

というわけで、2次関数は$y=x^2$の性質を見ればわかるはずです。

$y=f(x)=x^2$のグラフの大きな特徴は図にある3つです。

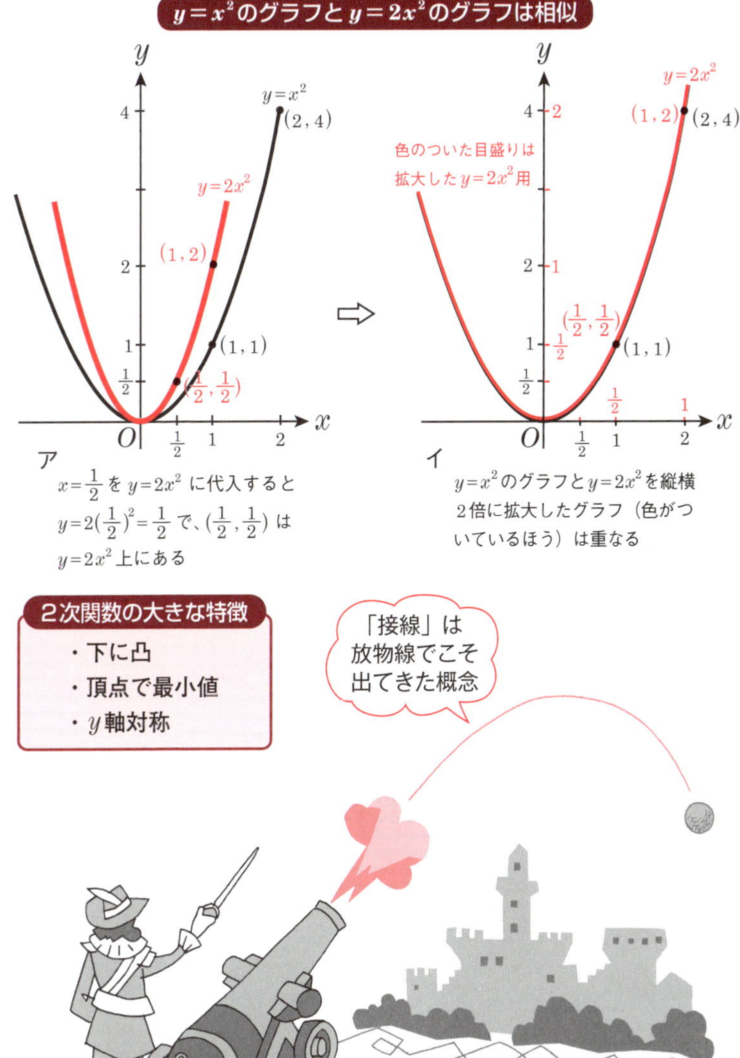

$y=x^2$のグラフと$y=2x^2$のグラフは相似
ア
$x=\frac{1}{2}$を$y=2x^2$に代入すると
$y=2\left(\frac{1}{2}\right)^2=\frac{1}{2}$で、$\left(\frac{1}{2},\frac{1}{2}\right)$は
$y=2x^2$上にある
色のついた目盛りは
拡大した$y=2x^2$用
イ
$y=x^2$のグラフと$y=2x^2$を縦横
2倍に拡大したグラフ（色がついているほう）は重なる
2次関数の大きな特徴
・下に凸
・頂点で最小値
・y軸対称
「接線」は
放物線でこそ
出てきた概念

円から、だ円を作れますか？

円とだ円の関係

●円とは何か

ユークリッドの原論は、点と直線と円についての公理から始まっています。

つまり、円は直線について基本的な図形なのです。普通、円はP50図1のような形をしていますね。

これを数式で表現するためには、式の形になるように、円の性質を整理していかなくてはなりません。皆さんは円の本質的な性質をすぐいえますか？

あまりにもよく見かけたり使ったりするものは、かえって表現が難しいかもしれませんね。

さて、円をひと言で表現すると、ある1点を固定して「中心」と呼び、その中心からの距離が一定の点すべてからなる曲線です。

今、図1のように、中心$A(a, b)$、半径がrの円を考えます。

円周上に$P(x, y)$という点があるとすれば、このPはいつも中心Aからの距離、つまり半径が一定の値rとなります。

この半径rを、xとyを使って表現するにはどうしたらよいのか、考えてください。

●円の式

この図1をよく見てください。PとAを2頂点とする直角三角形が見えますね。

直角三角形といえば、ピタゴラスの定理（三平方の定理）があてはまりそうですね。直角三角形APHを考えると、ピタゴラスの定理から、3辺の間には、

$$(AP)^2=(AH)^2+(PH)^2$$
$$=(x-a)^2+(y-b)^2$$

が成り立ちます。ここで AP は半径 r と等しいわけですから、

$$(x-a)^2+(y-b)^2=r^2 \cdots\cdots ①$$

が円の式とよばれるものです。案外、簡単に求まりました。

とくに、中心が原点 O (0, 0) のときは、この式は次のようになります。

$$x^2+y^2=r^2 \cdots\cdots ②$$

だ円の式

さて、半径３の円の場合について、考えます。

その式は $r=3$ を代入して、

$$x^2+y^2=3^2 \cdots\cdots ③$$

この式の y に、$y=3Y$ を代入してみましょう。

$$x^2+(3Y)^2=3^2 \cdots\cdots ④$$

$y=3Y$ という置き換えは、何を意味しているのでしょうか？

y が t 増えたときに、Y は３分の１増えます。つまり、縦方向の軸 y を Y にしたときに、円は縦方向に 1/3 に縮小されます。これは、横方向は元の直径と同じ６、縦方向はその 1/3 の大きさ２のだ円（図２）になります。

一般には、だ円の式は④の式の Y を y に変えて、

$$x^2+(3y)^2=3^2$$

として、さらに、両辺を 3^2 で割って、図２の下に書いたような式になります。x^2 の分母が 3^2 で、x 軸と曲線の交点が ± ３ということに対応しています。一般のだ円の式もやはり、円を、縦あるいは横方向に、縮小あるいは拡大して作ることができます。

ここで作っただ円は、円を各点で縦方向に３分の１に縮めたものということが、あとで重要になってきます。

図１　円の形

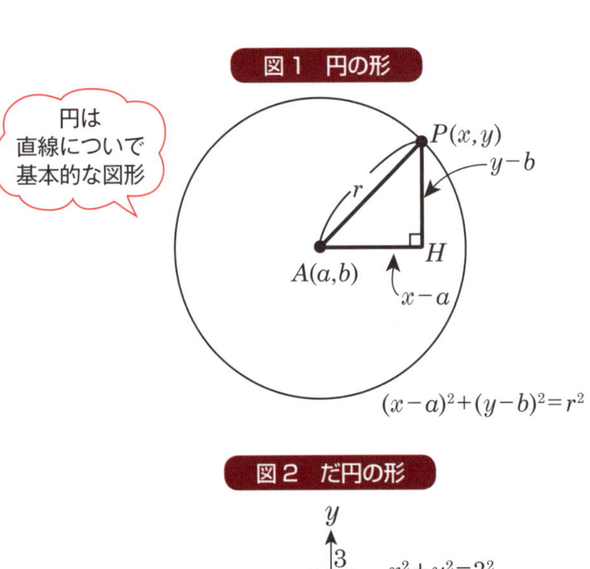

図２　だ円の形

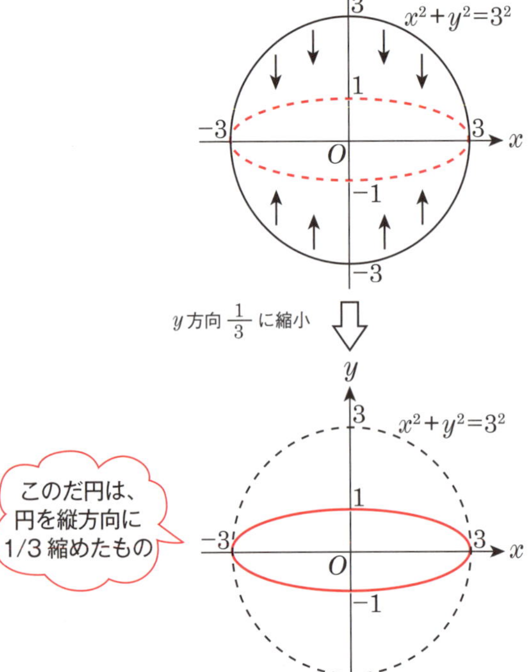

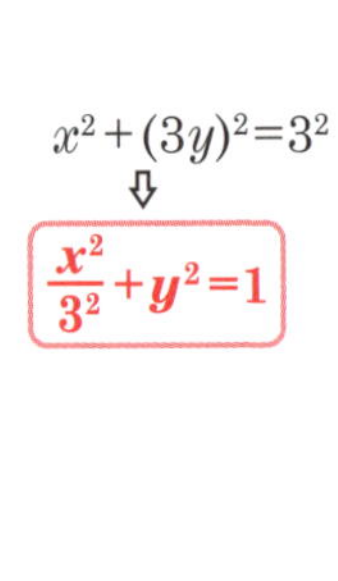

まだよくわからないけど、面白そうな形が見えてきた！

波の分析から見えてくるもの

ロール紙を巻いてから、斜めに切る

波の形になる曲線について少しお話ししておきましょう。

波の形には、誰もが興味をもつ数学の応用がたくさんあるのです。

台風などの三角波は別として、波がゆったりと伝わっていくときの形は、かなり以前から研究されてきました。

この形は、次のようにして再現することができます。

まず、薄い紙をロールに巻いておきます。そして大き目のカッターを用意します。このロール紙を斜めの平面で切ってしまうのです。

そして、これを開いていきます。そうすると、繰り返し模様の波線が表れてきます。

波線をよく見ると

この波線をしっかり分析しておきましょう。

ロール紙の軸と平面との角度が小さくなればなるほど、切り口は細長いだ円になっていきますから、この波の形は上下の幅（これの半分の値を「振幅」といいます）が大きくなります。

また、ロール紙の半径が大きくなると、波の山の間隔（これを「周期」といいます）が長くなり、逆にロール紙の半径が小さくなると周期が短くなります。

「周期」はロール紙の切り口の一番高いところから一番高いところまでの長さですから、ロール紙が1周する長さです。つまり、

> ロール紙の半径が r のとき、このロール紙でできる波の形の周期は、
>
> $2\pi r$

となることがわかるでしょう。

正確にはロール紙の内側にいくと、波の形の周期がだんだん短くなるのですが、「薄いロール紙」ということで、適当な繰り返しの間は同じ周期とみなします。

ここは、波形の数学的な扱い方を初心者に簡単に説明するための導入ということで、若干のおおざっぱさをお許しください。

三角関数

さて、とくに、ロール紙の半径が1で、ロール紙と切断する平面との角度が45度のとき、この波形の振幅は1で、周期は2πとなります。

この波の形をグラフにもつ関数が$y=\sin x$あるいは、$y=\cos x$です。これらの関数は、「三角関数」と名づけられています。最初に除いた「三角波」と似ているのは偶然ですが、まぎらわしいですね。

重要なのは、一定の周期で繰り返す波の形の関数があって、その周期や振幅をさまざまな値にすることができるということです。

数学では、まだ性質がよくわかっていないものを、性質がよくわかっているものに分解したり、置き換えたり、また場合によっては、近似することで分析することがよくあります。

とくに、波の形は「一定周期の繰り返しのある形」を分析するときの基本になるのです。

すなわち、どんなに複雑なものでも、「一定周期の繰り返しのある形」であれば、波の形の組み合わせで（近似的に）表現できるのです。

これによって、大変面白いものができます。

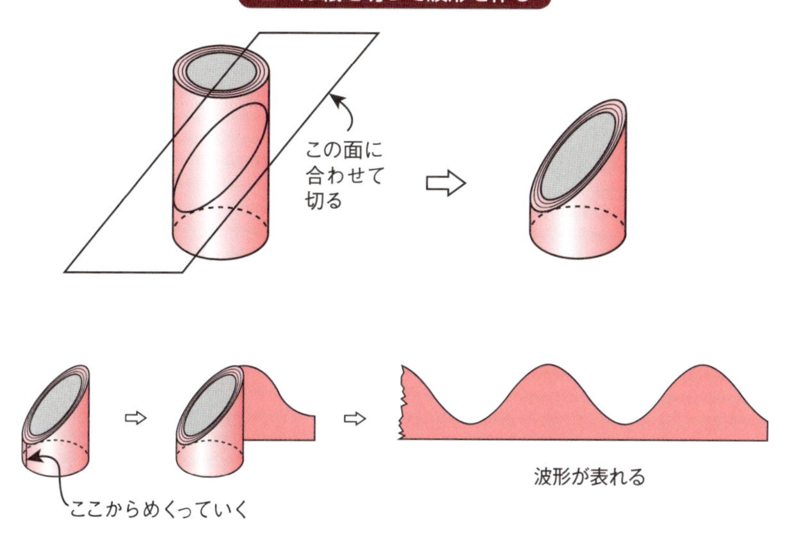
ロール紙を切って波形を作る
この面に
合わせて
切る
ここからめくっていく
波形が表れる

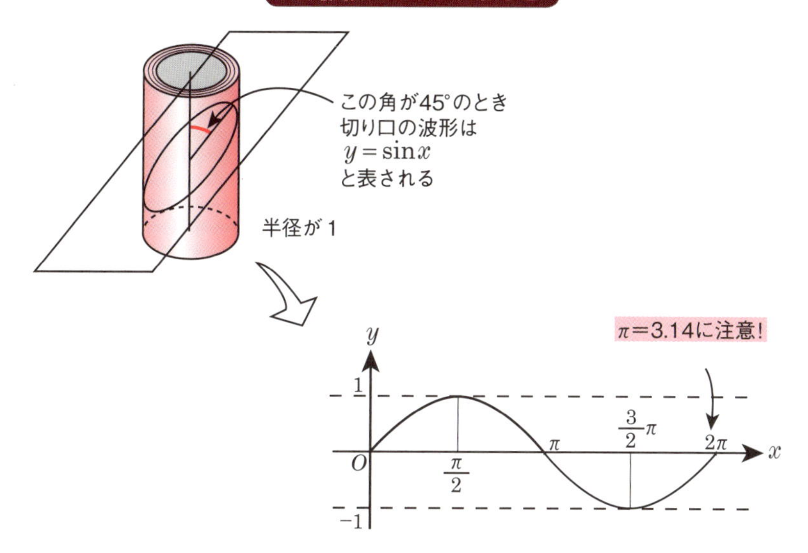
三角関数のグラフにすると
この角が45°のとき
切り口の波形は
$y=\sin x$
と表される
半径が１
$\pi=3.14$に注意！
y
1
O
$\frac{\pi}{2}$
π
$\frac{3}{2}\pi$
2π
x
-1

イヌの気持ちが100%わかるかも！

バウリンガルは、実は波の応用だった！

波の合成

前項で、ロール紙の軸と平面との角度が45度で、ロール紙の半径が1のときの波の形を見ました（P56①）。

これに対して、上下の幅を2倍にして、半径を1/2にしたうえに、少し横にずらした波の形が②です。

この2つの波は合成することができます。まず、①と②のグラフを同じ座標平面に描きます。それから、適当にx座標を決めて、そのx座標の上の①のグラフの高さに②のグラフの高さを加えて、点を描いておきます。

x座標をいくつか変えて点を描いていくと、①+②のグラフの概形が見えてきます。③の図は、途中までそのようにして点をとり、なめらかにつなげたものです。途中からは、波の形のグラフの対称性（線対称の部分と、点対称の部分があります）を用いて、補うことができます。

このようにして、③の太いグラフが①+②と考えることができるのです。今の例では、基本的な波に、その波をちょっとだけ変えた波（周期が1/2、振幅を2倍にした）を加えただけですが、かなり複雑な形になりました。いろいろな波を加えていくとさらに複雑な形も作ることができ、不連続に見える形すら作ることができます。

フランスの数学者フーリエ（1768〜1830）は、熱伝導方程式の研究の中で「関数はすべて、このような波の形の和にかける」との確信をもつに至りました。そして、今では周期的な関数については、その波の和を実際に決める方法もあります。これが、「フーリエ級数」と呼ばれるものです。

「声紋」を分析する

この分析方法は、波のように周期的に変化するものには大変有効です。私たちの身の周りでも、たとえば音声は空気の振動で起こるわけですから、波の合成として調べることができます。

1988年に、まったくの文系の言語学の人たちが『フーリエの冒険』という本を出して評判になったことがありました。これも言語の研究の根幹に音声の波がかかわっていることがわかったからです。

たとえば、音声の波の分析から、コンピュータの音声入力と出力も可能になりました。コンピュータで合成音を作るには、その音になる波の形を作ってやればよいわけです。

また、本人であるかどうかの識別にも、その音声の波の分析を使えます。音声の波形を「声紋」といいますが、指紋と同じ働きをします。これによって、関係ない人の侵入を防ぐために本人の声で扉を開くシステムも可能です。本人の声のみで「開けゴマ」が可能になったのです。

犯罪捜査で指紋が大きな役割をするように、声紋も重要です。脅迫電話の声紋から犯人特定もできます。

バウリンガルも波の研究から

最近では、動物の感情の識別にも使うことができると考えた人もいます。動物の様子を観察して、鳴き声の声紋とそのときの状態を対応させることにより、その感情を声紋で見わけることが可能というのです。

このような考え方から、玩具メーカーと声紋関係の会社が、(推測される) 犬の感情を、話し言葉で小さなディスプレイに表現する商品を売り出しました。これが犬語翻訳機「バウリンガル」です。2002年度に裏のノーベル賞ともいわれる「イグノーベル賞」平和賞が与えられました。

$y=\sin x$ のグラフ

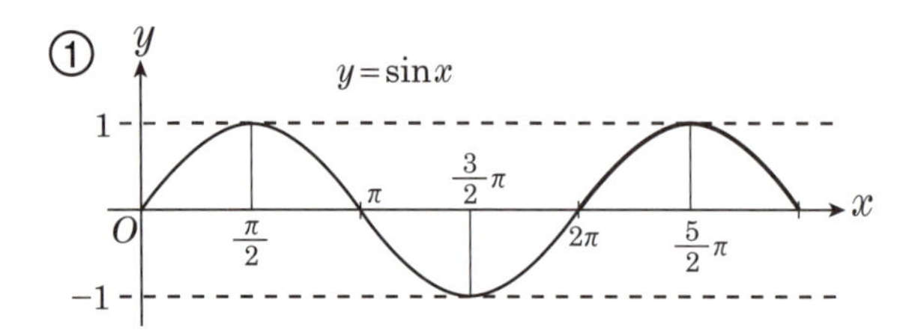

$y=\sin x$ を少し変えたグラフ

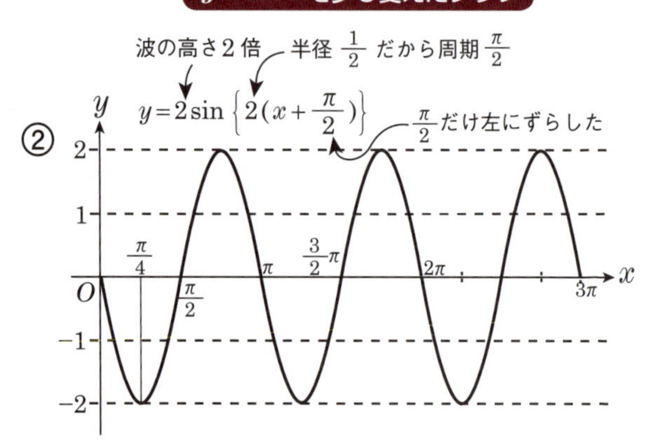

①＋②のグラフ

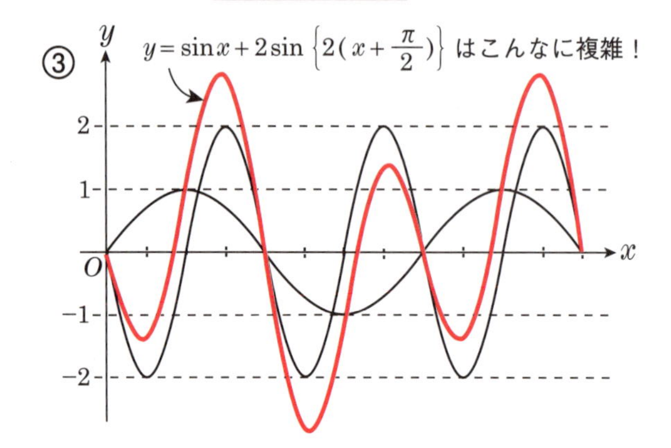

さて、どうなると思いますか？
かけてかけて…、指数とは何か

新聞紙を積むと……

実数aをm回かけたものa^mをaのm乗といい、このmを「指数」といいます。指数の性質を考えていただくために次の問題から入ります。

> 問題
> 厚さ0.2mmの大きな紙があります。これを2つ折りして切ります。次に切ったもの全部を2つ折りして切ります。これを50回繰り返して、切った紙を積み上げたらその高さはどのくらいになるでしょう。
> （この解答は次頁）

指数の約束

この問題を考えるために、指数の計算について整備しておくことにしましょう。そのためにまず、a^nから始めます。

a^nはaをn回かけたもので、

$a^n=a\times a\times a\times a\times a\times\cdots\cdots\times a$　（n個）でした。

そうなると、次のことがわかります。

$$a^4\times a^3=(a\times a\times a\times a)\times(a\times a\times a)=a\times a\times a\times a\times a\times a\times a$$
$$=a^7$$

この$7=4+3$ですから、$a^4\times a^3=a^{4+3}$となっていることに注意してください。

つまり、次のことがいえます。

① $a^m\times a^n=a^{m+n}$

次に、

$$(a^2)^3=(a^2)\times(a^2)\times(a^2)=(a\times a)\times(a\times a)\times(a\times a)$$
$$=a\times a\times a\times a\times a\times a=a^6$$

最後にかけ合わせたaの個数は2×3で、式は$(a^2)^3=a^{2\times 3}=a^6$と考

えられます。ですから、次のこともいえそうです。

② $(a^m)^n = a^{m\times n} = a^{n\times m} = (a^n)^m$

次に、割り算を考えてみましょう。

$$a^6 / a^4 = (a\times a\times a\times a\times a\times a) / (a\times a\times a\times a) = a\times a = a^2$$

これは、分母と分子の a を同じ数だけ消したのですから、構造としては、$a^6/a^4 = a^{6-4} = a^2$ とみなせます。分母の a の数のほうが多いときは、$1/a^r = a^{-r}$ とすれば、この式がいつでも成り立ちます。

③ $a^0 = 1$、 $1/a^r = a^{-r}$の約束のもとで、$a^m/a^n = a^{m-n}$

次に、根号との関係を考えます。

$\sqrt{2}$ は 1.41421356……ですが、これは、$(\sqrt{2})^2 = (1.41421356\cdots\cdots)^2 = 2$ をみたす数で、本来なら$\sqrt[2]{2}$ と書くものです。つまり、$(\sqrt{a})^2 = a$ として、$\sqrt{\ }$ の記号があります。

同じように、$\sqrt[3]{2} = 1.259921\cdots\cdots$ですが、これは$(\sqrt[3]{2})^3 = 2$ を満たすものです。

一般に、$a>0$ のとき、

$\sqrt[n]{a}$ は $(\sqrt[n]{a})^n = a$ となる数のうちで正のものを表します。さて、指数法則の②で $(a^m)^n = a^{m\times n}$ でした。

$\sqrt[n]{a}$ を $a^{1/n}$ とおけば、$(a^{1/n})^n = a^{(1/n)\times n} = a$ となって、②の公式のとおりです。

こうして、有理数 m/n について、

$$a^{m/n} = \sqrt[n]{a^m} = (\sqrt[n]{a})^m$$

とするのです。

さらに、実数の中、いたるところに有理数があることから、r が実数のとき、a^r も決めることができます。

こうして、$a>0$ のとき、$f(x) = a^x$ を決めることができます。これを「指数関数」といいます。この関数のグラフは、右頁の図のようになり、$a>1$のときは、x が大きくなると、どんどん大きくなります。

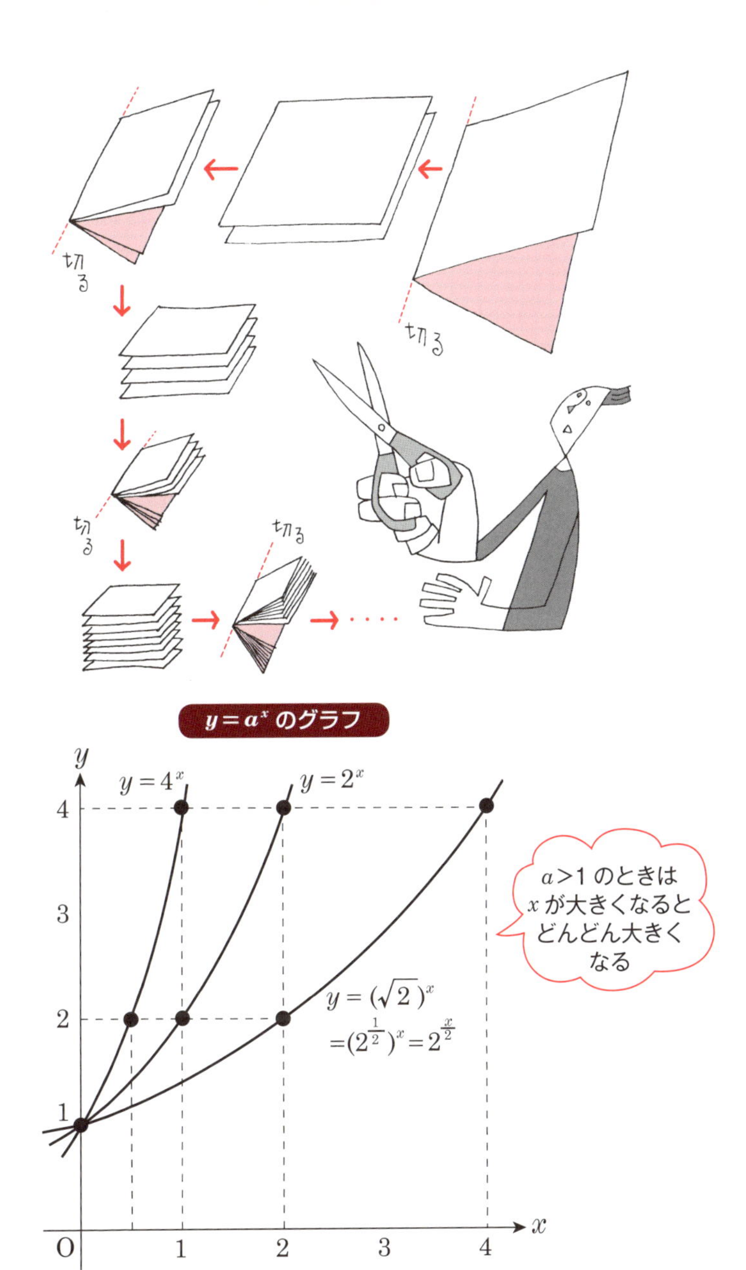
切る
切る
切る
切る
$y=a^x$ のグラフ
$y=4^x$
$y=2^x$
$y=(\sqrt{2})^x$
$=(2^{\frac{1}{2}})^x=2^{\frac{x}{2}}$
$a>1$ のときは
x が大きくなると
どんどん大きく
なる
y
x
O
1
2
3
4
1
2
3
4

どんなに小さな数でも、指数をなめてはいけません

紙を切って積み上げていくと…？

さて、前頁で取り上げた問題を、指数の約束を用いて考えてみましょう。

問題

厚さ0.２mmの大きな紙があります。これを２つ折りして切ります。次に切ったもの全部を２つ折りして切ります。これを50回繰り返して、切った紙を積み上げたらその高さはどのくらいになるでしょう。

(1) 学校の校舎の高さ（12 m）くらい

(2) 東京タワーの高さ（333m）くらい

(3) 富士山の高さ（3776m）くらい

(4) 太陽までの距離（1億5千万 km）よりある

すると簡単です。

これは、次の式の値がどれくらいの大きさかを計算する問題となります。

$$0.2\times 2^{50}\,(\mathrm{mm})$$

太陽まで行ってしまう！

単位（mm）はあとで考えることにして、

$$0.2\times 2^{50}=0.2\times(2^{10})^{5}$$

ここで、$2^{10}=1024$ が約10^{3}ですから、この式は、

$$0.2\times(10^{3})^{5}=0.2\times 10^{15}=2\times 10^{14}$$

つまり、約で、これより少し大きいことになります。ここからは単位を cm、m、km に順次変えていきます。

2×10^{14}(mm)

$=2\times10^{13}$(cm) (10mm=1cm)

$=2\times10^{11}$(m) (100cm=1m)

$=2\times10^{8}$(km) (1000m=1km)

これは、２億 km で、(4) が正解となります。

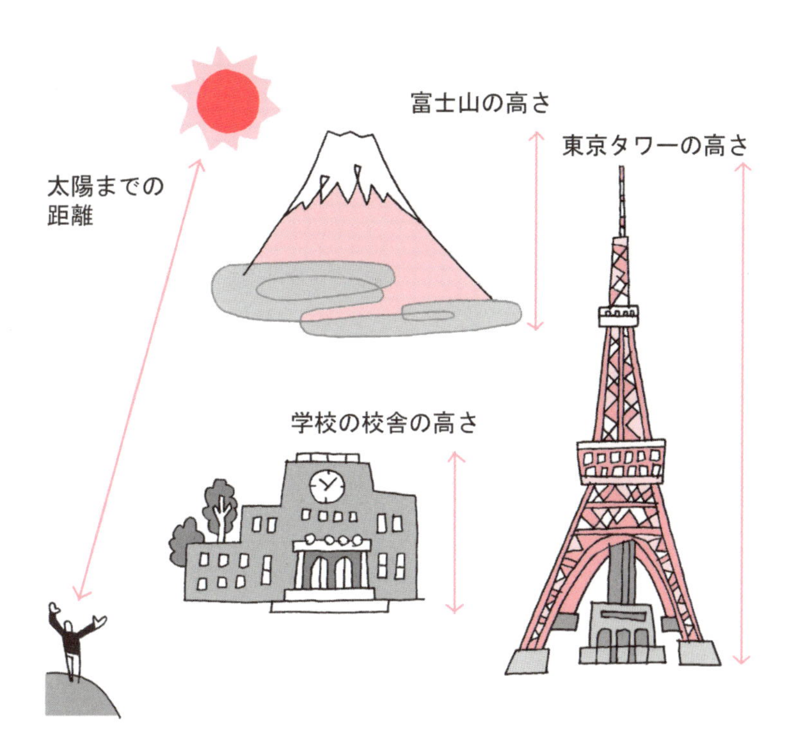

歴史の中にも、ゲームの中にも、座標はいっぱいあるんです

こんなところにも、座標が!!

平城京を上から見てみれば

「座標は、フェルマー、パスカルの頃にできた。でもその起源はアポロニオスにある」と述べましたが、でも、日本にもその概念が８世紀初めにはありました。もちろん、平城京は唐の長安にならったので、中国にはそれ以前から座標の概念があったのでしょう。

710年に元明天皇は奈良盆地に平城京を築きました。2010年は遷都1300年の節目になります。

その街並みは、碁盤の目になっていて、まさしく、直交座標そのものでした。その原点はのちの平城天皇陵にあたり、一条北大路が x 軸、朱雀大路が y 軸になります（y 軸の端が羅城門)。

x 座標は、正の方向に左京があって、y 軸から離れる方向に一坊大路、二坊大路……となり、負のほうは右京で、同じく一坊大路、二坊大路……となります。

残念ながら、y 座標は負の方向しかありませんが、一条大路、二条大路……と表示されます。

この表示で、羅城門は $(0, -9)$ と表されます。

これは、京都に使われ、北海道の平野にできた新しい都市には、この街並みを見ることができます。

座標の表示方法は、筆者の好きなチェスや囲碁、将棋などでも使われます。

そのおかげで、上級者で、記憶力が悪くない人は、チェス盤がなくとも、歩きながらでも、チェスをすることができます（残念ながら、筆者はそこまでいきませんが)。

頭の中に盤面を作っておいて、「○○○○クイーン」といえば、「○○○○にクイーンを移動した」とお互い認知するのです。

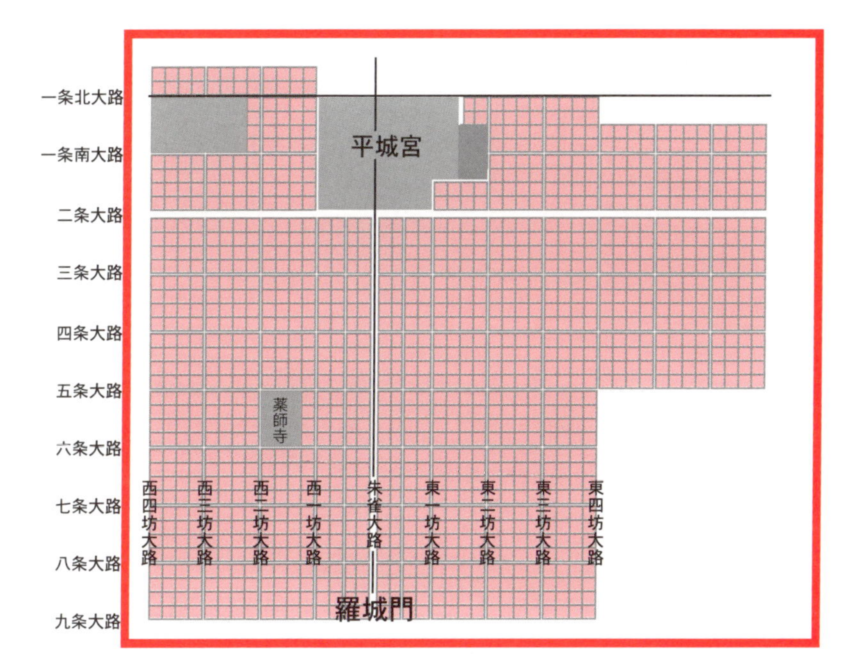
一条北大路
一条南大路
二条大路
三条大路
四条大路
五条大路
六条大路
七条大路
八条大路
九条大路
平城宮
薬師寺
西四坊大路
西三坊大路
西二坊大路
西一坊大路
朱雀大路
東一坊大路
東二坊大路
東三坊大路
東四坊大路
羅城門

もうちょっと便利にならない？
微小と膨大が混在する世界

天文学者が使う大きな数字

前々項の問題で、0.2×2^x(mm)は、xが小さいうちは、1 cm以下のところでうろうろしていたのに、xが50のところで太陽にまで届いてしまいました。

このように、$f(x)=2^x$は、xが小さいときわめて小さいのに、xを大きくすると、非常に大きい値になることがわかりました。

それで、このような値が混在するときに、「少しおおざっぱな値でもよいから、計算が便利になる方法がないかな」と考える科学者がいたのです。

その代表的なのは、天文学者です。天文学者は、月までの距離（これは素人から見ると非常に大きな距離ですが、銀河系のスケールに比べるとまだ小さい）と銀河系の膨大な距離を扱わねばなりません。

それだけに、これらを、効率的に扱う道具への要望が強かったのです。それに応えて出てきた概念が「対数」というものです。

対数とは

前項の問題で、$2^{10} \fallingdotseq 10^3$とみなして計算したやり方が、対数の思考法です。この式の両辺の10乗根を考えれば、$2 \fallingdotseq 10^{3/10}$となります。このとき、$\log_{10}2 \fallingdotseq 3/10 = 0.3$と書きます。

一般に、$x=10^y$のとき、$\log_{10}x=y$と書くことにするのです。これは、いわゆる10進法での(桁数−1)です（10^1は2桁で10^2が3桁ということに注意してください。2は約1.3桁と考えられます)。

同じ考え方で正の数aについても、$x=a^y$のとき$y=\log_a x$と書きます。

こうすると、xとyを入れ替えると$y=a^x$で、対数関数は、「指数関数のxとyを入れ替えたもの」と考えることができます。

ある関数$y=f(x)$のxとyを入れ替えて、$x=f(y)$とし、これをyについて解いたもの、$y=g(x)$を$y=f(x)$の「逆関数」といいます。

この用語を使うと、「指数関数と対数関数は逆関数」ということができます。

これより、指数の性質から、

$\log_a a^r=r$

$\log_a XY=\log_a X+\log_a Y$

$\log_a X/Y=\log_a X-\log_a Y$

$\log_a X^r=r\log_a X$

対数関数のグラフ

対数関数のグラフは、指数関数のxとyを入れ替えて出てきた逆関数ということから、指数関数のグラフを$y=x$に関して線対称に移して、図のように書くことができます。

実際、P66 図で、$y=2^x$の上の点$(p, 2^p)$を見てください。これと$y=x$に関して対称な点は$(p, 2^p)$ですね。

この点が$y=\log_2 x$の上にあることは、$y=\log_2 x$に$x=2^p$を代入したら、$y=\log_2 2^p=p$からわかります。

この2^pをaとおくと、座標上の点は$(a, \log_2 a)$となります。

ですから、対数関数のグラフの性質は指数関数のグラフの性質からすぐ導くことができます。

$y=2^x$のグラフが、右上がりで、下に凸ですから、それを$y=x$に関して対称に移した、$y=\log_2 x$は、右上がりで上に凸になることがわかります。

このように、数学では（数学に限ったことではないかもしれませんが）、わからないもの、わかりにくいものを既にわかっているものから導くことが普通です。

指数関数と対数関数のグラフ

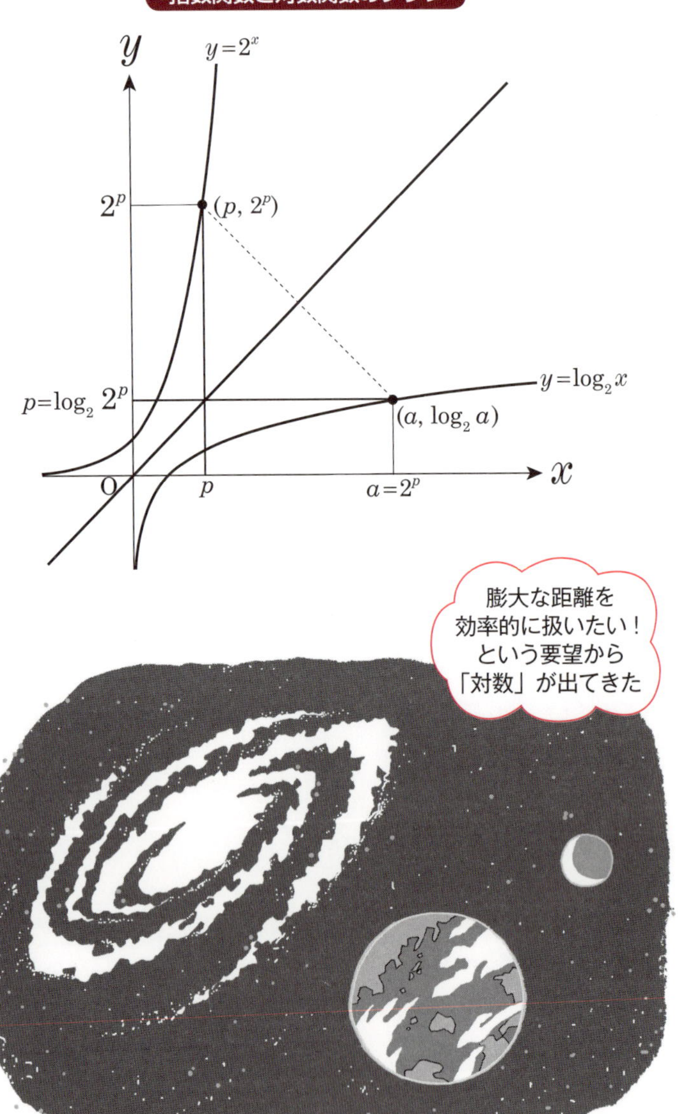

基本の形をアタマにインプット

３次関数・４次関数の形のまとめ

P47で２次関数のグラフが放物線として紹介されていました。

２次関数は、微分の歴史のうえでも、微分の理論のうえでも最重要な関数ですので、少していねいにのべました。

でも、２次関数以外にも、xの多項式で表される関数ができるのは、皆さんもご存知でしょう。

多項式で表される関数で、xに関して３次の項があれば３次関数、４次の項があれば４次関数……といくらでも多項式で表される関数を考えることができます。

「どんな関数でも、十分小さな範囲では、多項式で近似できる」という大変重要な性質があります（テイラーの定理）。

そもそも、微分という操作自体が、ある点のまわりで１次関数で近似する操作と考えることができるのです。

ただ、１次式で近似すると、そのまわりで増加・減少の情報だけしか伝わりません。凹凸の情報を出すためには、２次関数以上の関数でなければならないのです。

なお、凹凸とは、「上に凸」か「下に凸」かの判定のことです。

曲線がある範囲で上に凸とは、その範囲の曲線上のどの２点についても、２点を結ぶ線分の上に曲線があることです。下に凸はその反対のことです。

ここでは、３次関数、４次関数の典型的な形を次頁の図で見ておいてください。これらの形を決めるときに、次の章で扱う「微分」という操作が有効です。

２次関数は、頂点を通る直線で線対称でしたが、３次関数は点対称になることが大きな特徴です。対称の中心になる点は、「上に凸」と「下に凸」の境目で、「変曲点」ともいわれます。

3次関数のグラフ（点対称のグラフ）

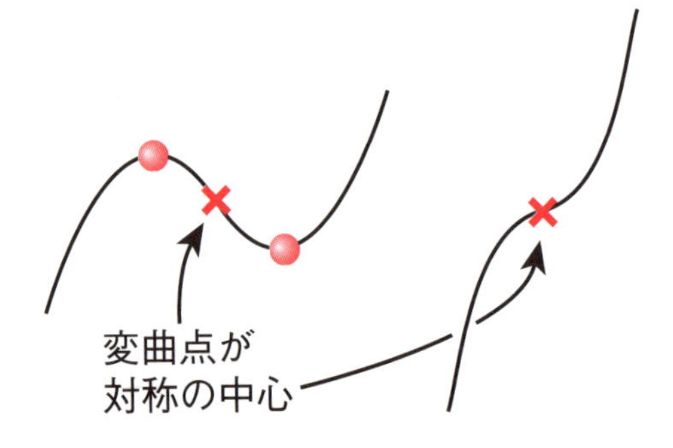

4次関数のグラフ

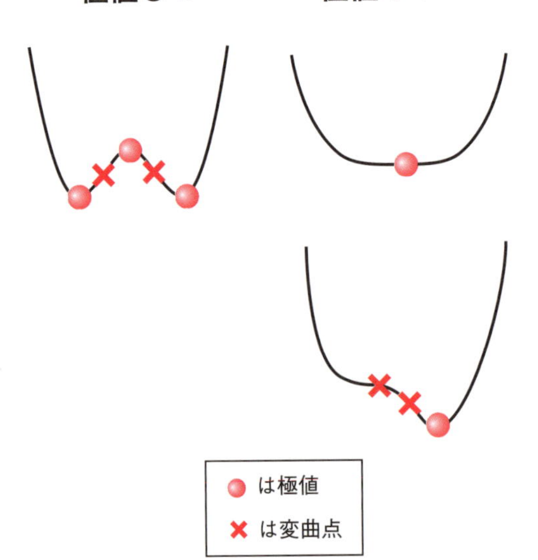

◎最高次の係数が正のとき◎

第3章

分かった積もり？ 積分の基礎の基礎

～三角柱の平均の高さは、重ねてすとーん

積分はダイエットにも応用できる!? 「うんこはみ出しの法則」とは

ふざけた話ではありません

少し、お下劣そうなタイトルで、子どもは喜んでくれるのですが、編集者にタイトル変更をいい渡されることもあります。といっても、ふざけた話ではありません。積分に関係が大ありの話です。

P72 図1をごらんください。これは、だいぶ前にある名門大学で出された問題を少しアレンジしたものです。

それは、「図の色のついた部分の面積を求めなさい」というものです。どうです、積分の問題でしょう！

さて、子どもでも解けるように、図の領域を説明しておきましょう。「そんなもの聞かなくてもわかっている」という方は、いきなり計算してもかまいません。

自分で問題を難しくしない

図1の左側の曲線は、中学校以来おなじみの放物線で、$y=x^2$という式で表されるものです。右側の曲線はそれを少し変えたものです。なんのことはない、放物線を右側に1だけ移動したものです。そして、上下の高さを0と4で区切ったものです。

なんか、難しそうですね。区間をいくつかに分けて積分をするのか。あるいは……。

ほら、「名門大学の入試の問題」というと、すぐかまえていませんか。でも、よい大学ほど、ゴリゴリ計算しなくてすむような、頭をちょっと働かせれば、誰でもできるような基本的な問題を出しています。そんなに難しく考えなくても大丈夫！　曲線の説明をした後では、ちょっと考えて気づけば、中学生あるいは小学生だって解けますよ。

ヒントは平行移動

この問題を簡単にするためのカギは、「左右の2つの曲線が平行移動して重ねられる」ということにあります。これでわかりましたか。

私は小学生や中学生にこの問題の解き方を説明するときには、図2のような図形を使います。さっきの図1の領域と一部似ています。右側の曲線がさっきの放物線で、左側は y 軸と平行な直線になっています。

この図形を今おいてある場所から右側に1だけ移動してみましょう。そうすると、図3のようになりますね。

そうして、図3の図形がはみ出した部分（色を変えてあります）を見てください。問題の領域が見えるではありませんか！

でも、これだけはみ出したのは、へっこんだところがあるからですね。そうです。へっこんだ分とはみ出した分は同じ面積になるはずです。

そうなると、へっこんだ分の面積を計算すればよいことになるではありませんか。こっちは長方形だから、「縦×横」で、4×1となります。

「……はみ出し」の意味

えっ、「なんであんなビロウなタイトルか？」って？

この「はみ出した分だけへっこむ」という現象は、いろいろなところに表れるんですよ。例えば、アルキメデスが王冠の体積の測定で悩んでいたとき、自分が風呂に入って水が流れ出るのを見て、「風呂桶から流れ出る水の量は風呂に入った分だ！　これだ！」といって、風呂から飛び出して街中を走り回ったのも、この原理です。それから、ダイエット法に「太らないために食べた分だけ出せばよい」というのがあります。これこそ、この原理の究極の応用ですよ。それでうんこがはみ出すのです。

よい原理は応用が豊富ですね。

図1　色の部分の面積は？

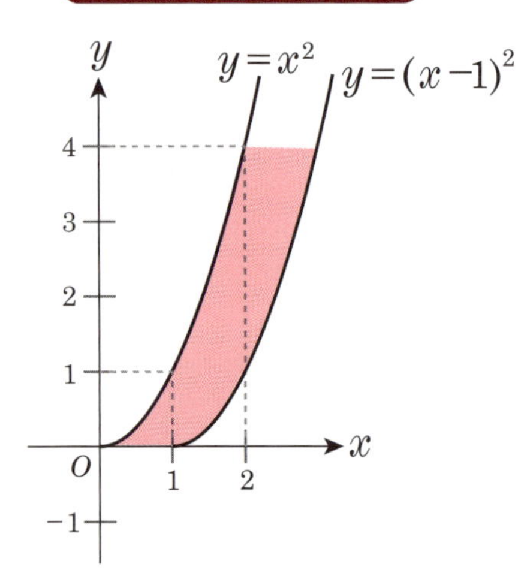

図2

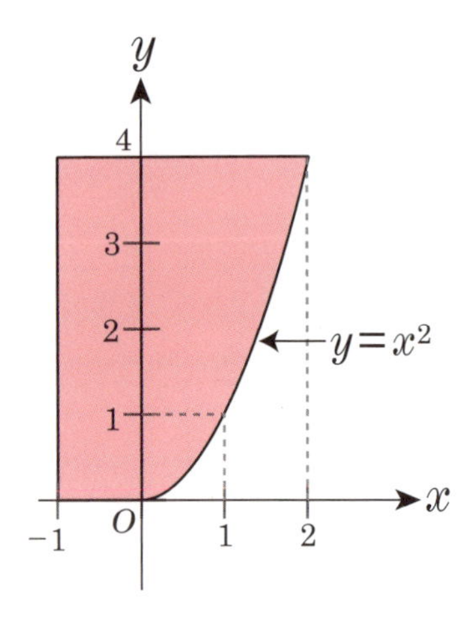

図3

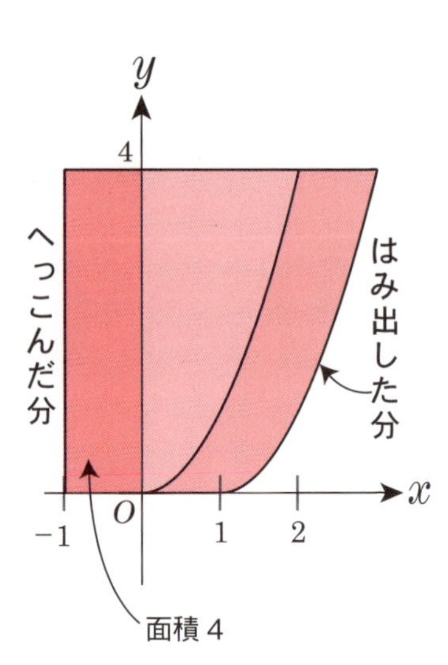

数学のアイデアは、こんなに単純にできている

カヴァリエリの原理はすごい

乱雑な紙の体積をどう計算するか

前項の「うんこはみ出しの法則」は、ある性質の特別な場合です。それは、17 世紀の初頭イタリアで活躍した数学者・聖職者Ｆ・カヴァリエリによる「カヴァリエリの原理」です。

例えば、P75 図１のように紙が積んであれば、その体積は、直方体ですから簡単に計算できますね。ところが、私の研究室にこういう紙を積んでおくと、たちまち図２のようになり、最後は崩れてしまいます(図３)。

紙の山の形が変わったら、体積は変わるでしょうか？　もちろん、最初に計算した直方体と同じですね。

このことを利用すると、私の研究室の紙（かなりの「カオス状態」ですが）の体積も時間をかければ計算できそうです。紙を大きさで分けて、直方体の山を作って、それぞれの体積を計算して加えればよいのです。

結論を聞くと、「なーんだ、そんなこと！」と思ったでしょう。そうです。数学のアイデアなんて、そんな当たり前のものなんです。そのアイデアを発展させて一般的にできれば、応用が拡がり、素晴らしいことになるのです。

カヴァリエリは偉かった

今の話は紙ですから、0.05ミリで薄いといっても、厚さがあります。皆さんにお話しするときには、厚さがあるものを考えたほうがわかりやすいのでそうしています。

ところが、カヴァリエリの素晴らしいところは厚さのない面で切って考えたところです。彼は「線は無限の点でできている。また、面は無限の平行線でできている。さらに、立体は無限の平行平面ででき

ている」という図形の見方を明確にしました。

これは、ギリシア以来の図形の見方を一変させてしまうほどの革命的な見方です。ピタゴラスの頃から「線は大きさのある（非常に小さくてわからないが）点でできている」と考えられていました。現在の微小な点で印字する方法に近い考え方ですね。

そして、「線分の長さ」は、その点の個数によって決まったのでした。その個数は自然数ですから、線分の長さの比は自然数の比で表されるはずでした。それゆえに、ピタゴラスの定理によって、直角二等辺三角形の斜辺と他の一辺の比が$\sqrt{2}$：1になることが示されたこと（無理数の発見）が大問題になったのです。

カヴァリエリは、惑星の運動で有名なケプラーの著書からヒントを得て、それをさらに徹底したそうです。ケプラーの『酒樽の立体幾何学』では、酒樽のような立体の体積を無限個のスライスしたものの和として求めたのです。

積分の概念を発展させた人

さて、カヴァリエリの方法に話を戻しましょう。彼は立体を厚さのない面で切っておいて、そのそれぞれの断面をわかりやすい立体の断面と比較することによって、もとの図形の体積を考察したのです。これは、面積でも同じです。図形を幅のない線で切って、面積がわかっている図形と比較して計算することができます。

次頁で、だ円の面積を円の面積の公式から求める方法を示しています。上の円の面積はすぐ4πとわかります。その下の楕円はy軸に平行な線で切るとどこでも、円の切り口の半分です。ですから面積は2πとなるのです。

この考え方は、積分に足を踏み入れたといってよいでしょう。カヴァリエリこそ、アルキメデスのあとの積分の概念の発展者だったのです。

体積は同じ

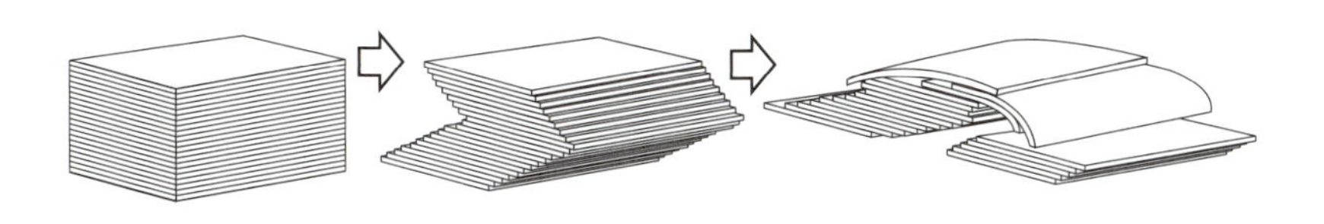

図1　図2　図3

だ円の面積を円の面積から求める

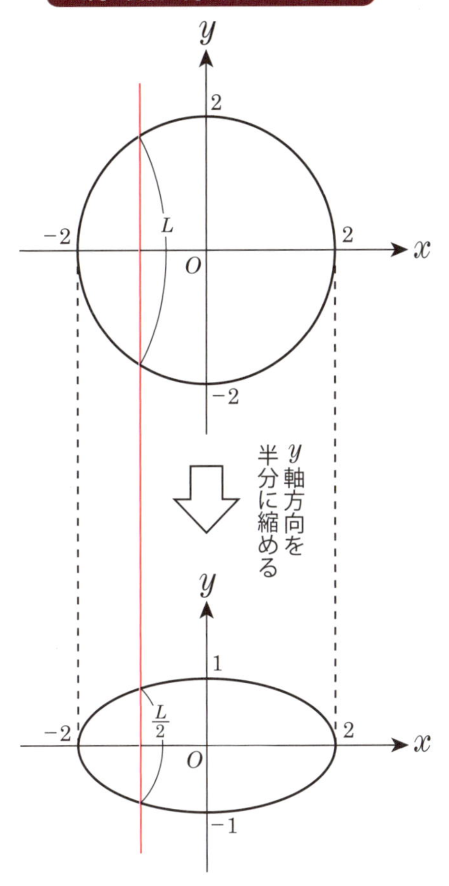

だいたい同じ体積なんだから、いいんじゃない？

角柱を平面で切ってみよう

小学生でも解けるのに、大学生が解けない？

第１章で積分的な考え方で等差数列の和の公式を見ましたね（P78図１）。直方体を平面で切った立体の体積から始めます。「直方体のケーキを図２のように平面で切ったとき、下の立体の体積はどれほどか」という問題があります。この立体の体積も、この等差数列の和の方法が有効です。

この問題は、小学生でもほんとうは解けるんですが、大学生が解けなかったりするんですね。

ケーキの体積の計算を、等差数列のときと同じようにやれると、今いいました。でも、このまんまだと、「切りそろえる」という作業ができませんから、少し説明しやすく図を変えてしまいます。

すなわち、図３のように「わりばし空間」で近似するんです。「平面で切ったらなめらかになっているはずなのに、今度はでこぼこして全然違うじゃないか」と思うかもしれません。でも、数学では「だいたい同じ体積になるからいいじゃないか、このわりばしをどんどん細くしていくと、さっきの立体の形になるじゃないか」と考えるわけです。このいいかげんさがすごく大事なんですね。私はいいかげんなので数学者になった、と思っているくらいです。

ハシの真ん中

さて、この「わりばし空間」というのは、「ハシの真ん中」ということをいいたいためにつけた名前なんです。

直方体を平面で切った切り口は平行四辺形になりますね。平行四辺形の２つの対角線の交点Gが真ん中になります（図４）。この真ん中のハシに注目します。この点Gは、本当に真ん中の性質をもっています。つまり、図5のように、Gを通る平行四辺形の中の直線は必ずGで2等分されてしまうのです。

つまり、平行四辺形のどの点も、Gをはさんで対称な点をもっています。

さあ、体積を計算しよう

ある点Pをとったら、Gをはさんで対称な点Qがとれます。このとき、Pの点のハシとQの点のハシのそれぞれの長さを足して2で割るとGのハシの長さになります。Pのハシが真ん中Gのハシより長かったら、Gのハシより長い分だけ切ってQのハシとくっつければ、全部Gのハシと同じ長さにそろえることができます。

ハシの長さをそろえると、結局、図6のような直方体の形になりますね。高さはGのハシの高さです。

では、このGの高さはどうなるでしょうか？　これは、高さ3cmの点Aと高さ11 cmの点Cの中点でもあったわけですから、3cmと11 cmの真ん中で、

$$(3+11)/2=7(\text{cm})$$

となりますね。結局、この平均の高さに底面積

$$10\times10=100\ (\text{cm}^2)$$

をかけて、700 cm³と、非常に簡単に計算できちゃうわけです。この方法ならば小学生にでも教えることができますね。

わかりやすくなるならおおざっぱに

じつは、この計算のとき、わりばし空間にしなくても、平均の高さは計算できたのです。でも、わりばしにしたおかげで、「切りそろえる」という操作が誰からも見やすくなったのです。

わかりやすくなるなら、おおざっぱにとらえることが大切なのです。

図１　等差数列の和

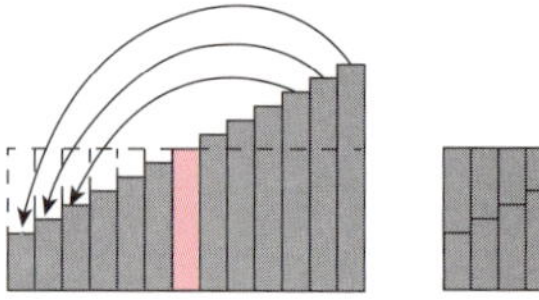

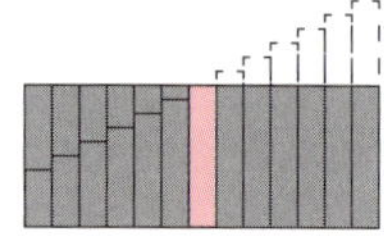

図２　問題

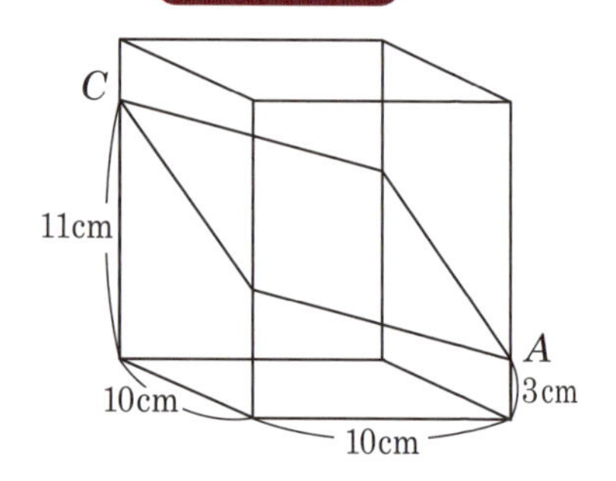

直方体を平面で切ったとき、
図の立体の体積を求めなさい。

図３「わりばし空間」で近似

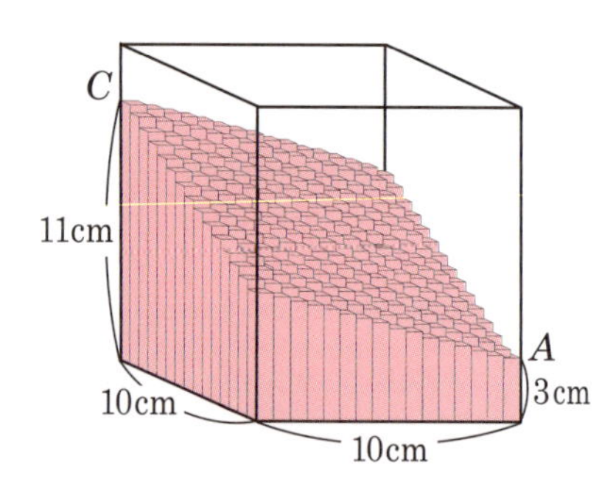

図４　ハシの真ん中

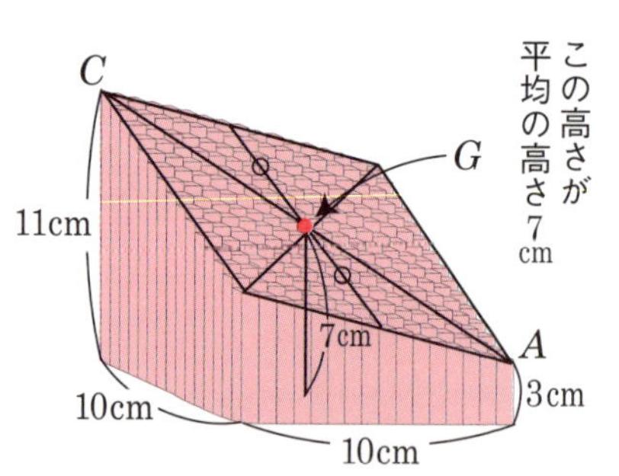

図５

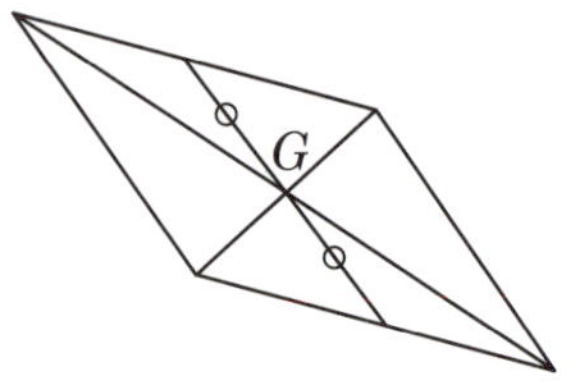

対角線の交点を*G*とすると、
*G*を通る平行四辺形上の線分は
すべて*G*で２等分される

図６

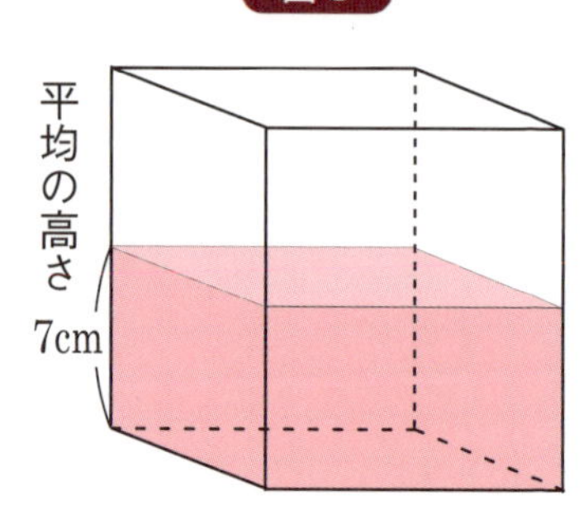

数学的に〝美しい〟姿がそこにある！
三角柱の平均の高さはどうなる？

数学では、扱いやすいところに帰着していく

前項で積分的な発想で、直方体を平面で切ったときの体積を計算しました。そうすると次に、三角柱を平面で切ったときの体積も考えたくなりますね。でも、前項の場合、底面が正方形、長方形、あるいは平行四辺形だったので中心があってうまくいったんです。

では、一般の三角形ならどうでしょうか？　というのがP81図１の問題です。この問題では、三角形が一般的な形で中心があるとは思えません。底面積が30 cm^2、また、３つの頂点の高さが５cm、９cm、10 cmというデータだけわかっています。それだけで、この体積を求めなければなりません。やはり、平均の高さを出せばよいのですね。ここで、「平均の高さはどれぐらいがいいと思いますか？」と聞くと、だいたいは、

$$(10+9+5)/3$$

という答えが返ってきます。確かに、考えつく答えはこれしかありません。「平均の高さは３つを足して３で割る」のは、普通の考え方でもあります。

ただ、「でたらめの三角形でもこれでほんとうにいいのか」という、疑問が残ります。こういうとき、数学では、わかっているところ・わかりやすいところに帰着していくのです。

正三角形が一番わかりやすい

そこで、一番わかりやすい三角形はなんでしょう？

正三角形ですね。平均の高さは、中心の高さでしたから、中心のある正三角形が一番扱いやすいのです。

ということで、一般の三角形を正三角形にもっていくのです。この

とき、平均の高さが変わらないように変形することが重要です。この操作は大変面白いのですが、残念ながら紙面の都合で省略します。詳しくは、『数学文化6号』(日本評論社)をごらんください。

重ねてすとーん

結局、図2の「底面が正三角形の三角柱を平面で切って、3つの頂点の高さが5cm、9cm、10cmになったとき、この立体の平均の高さを求めなさい」という問題になりました。この立体もまたわりばし空間で作ります(図3)。1つ作っただけでは、どうにもできないので、これを2つコピーして、それらをそれぞれ120度回転、240度回転しておきます。図4のようになります。

この3つを横に並べておいても何もわかりません。そこで、これを、縦に並べて、上からすとーんと落とすと、上下のわりばしが積み重なって、三角柱になります。

この三角柱の3つの頂点の高さはどうなっているか。前面左側は、5+10+9で24cm、前面右側も10+9+5で24cm。うしろは、9+5+10でやっぱり24cm。結局、高さがすべて24cmの三角柱ができます。ということは、平均の高さは24÷3で8cmということになりますね。

最初の直観で得られた、「3つの高さを加えて3で割る(5+9+10)÷3」が見事的中しました。平均の高さは、底面が正三角形でも、一般の三角形でも変わらなかったのですから、最初の三角柱でも同じように(5+9+10)÷3となります。

対称な図形は美しい

対称性が強い三角形である正三角形に帰着することによって、非常に簡単に平均の高さが求まるのです。数学者が対称な図形を「美しい」という理由がわかったでしょう。

図1 体積を求めよ

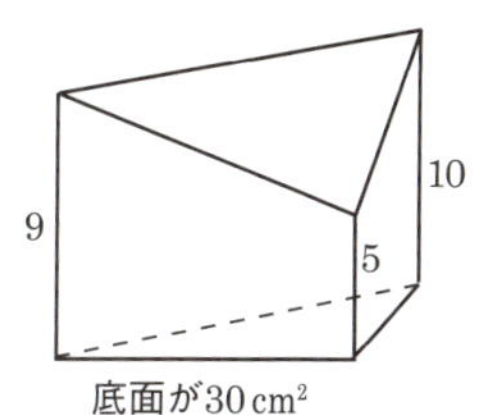

図2 この立体の平均の高さは？

9
10
5
底面は正三角形

図3 わりばし空間

一番奥の高さは10 cm
9
5

図4 まず、正三角柱を平面で切った立体を3つ作っておく

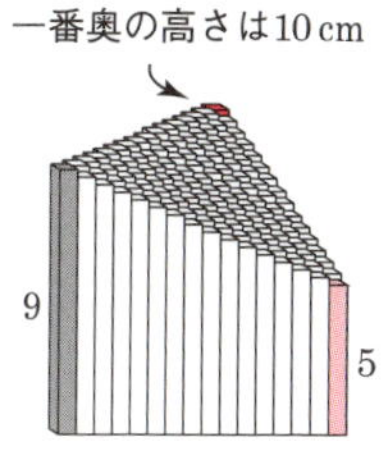

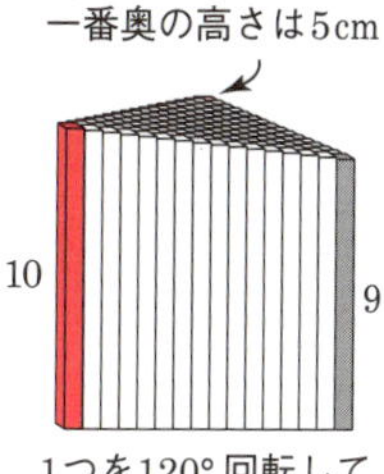

1つを120° 回転して

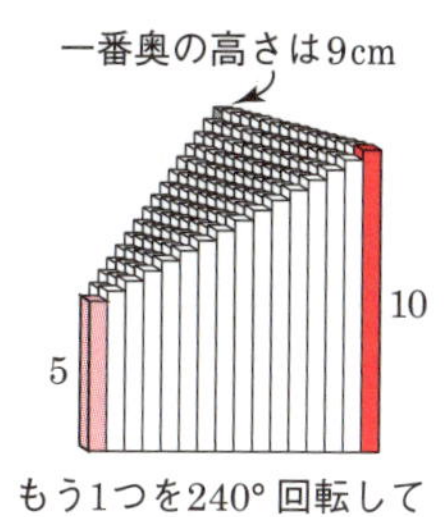

もう1つを240° 回転して

図5 高さ24cmの三角柱になる！

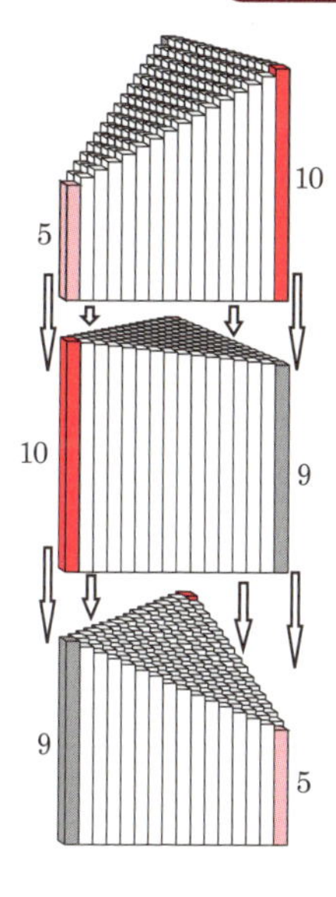

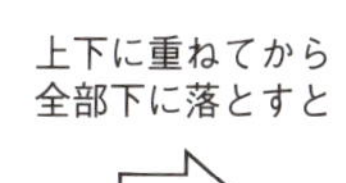

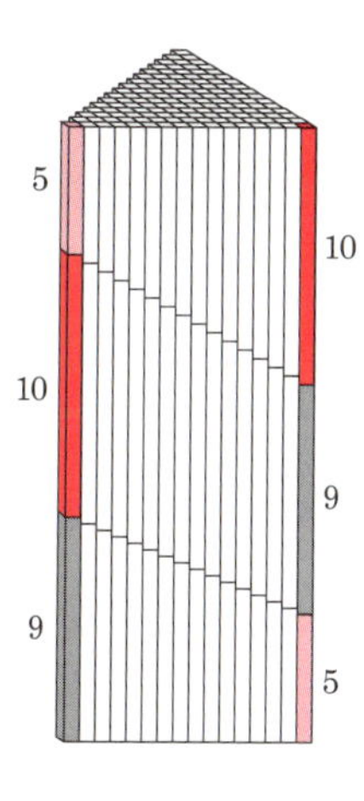

底に注目！ 公式に頼るな！

すいの体積の公式を自力で求めよう

簡単な例

前項から、どんな三角柱でも、平均の高さは３つの頂点の高さを足して３で割れば出てきました。公式は、

三角柱を平面で切って、
3つの頂点の高さがa,b,cのとき、

$$\text{体積} = \frac{a+b+c}{3} \times \text{底面積}$$

ですから、P84 図１の問題は、すぐできますね。

３つの頂点の高さが０、０、h ですから、平均の高さは、$h/3$ となります。よって、体積は、$A \times h/3$ になります。なんでこんなやさしい問題をするかというと、すいの体積の公式につなげるためです。

数学の実験はやっかい

今、底面の面積が S で頂点までの高さが h の四角すいを考えましょう（図２　やり方は何角すいでも同じです）。「このすいの体積が $S \times h/3$ ということを証明しなさい」というものですね。

これが、中学校の教科書では、「円すいの容器で水をくむと３回分で円柱の容器を満たす」となっています。しかし、こぼれたりして、なかなかうまくいかないこともあって最近の教師はやりたがらない。

さらに、テトラパックなんかで水をくむと、「容器がふくれて計算どおりにはならない」という話が出てきたりするので、なかなか実験は厄介です。

角すいの体積は底面を分けて

底面を図３のように４つに分けます。すなわち、頂点からおろした

垂線の足をHとして、点Hをもとにして底面を４つに分けるのです。この分け方でないと図１が使えません（もちろん、すいの体積の公式を証明しようとしているので、すいの体積の公式は使えません！　図１の形を使うのです）。

なまじ、すいの体積の公式を知っているからこの分け方になかなか到達できない場合があります。

さて、図４のように１つの固まりを切り出してくると、この立体は、図１で計算したものと同じです。すなわち、高さが１つだけhであとはゼロです。これについては、底面積がAとすると、$A\times h/3$という形になりますね。

４つに分けた部分についてこれと同じことをやるのです。

４つの部分の底面の面積を図５のように、A、B、C、Dとします。切り出してきた立体の形は少しずつ違いますが、２つの頂点の高さが０で、１つの頂点の高さがｈということは同じです。

よって、立体の体積はそれぞれ、

$A\times h/3$、$B\times h/3$、$C\times h/3$、$D\times h/3$ となります。

これを加えて、$h/3$をくくり出すと、

$$h/3\times(A+B+C+D)=h/3\times(\text{底面積})$$

となります。こうして、すいの体積の公式が出てきます。

円すいは角すいの極限

今の計算は、どんな角すいについても同じようにできますね。例えば、五角すいならば、５つの領域に分けて切り出せばよいだけのことです。

さらに、P102で「円と正96角形がほとんど同じ」とも書きました。だから、円すいの体積は正96角すいと同じと考えてよいのです。ですから、円すいについても「(底面積)$\times h/3$」の公式が成り立つのです。

図1　問題

3点P,Q,Rを通る平面で切ったこの立体の体積は?
ただし、三角柱の底面の面積をAとする。

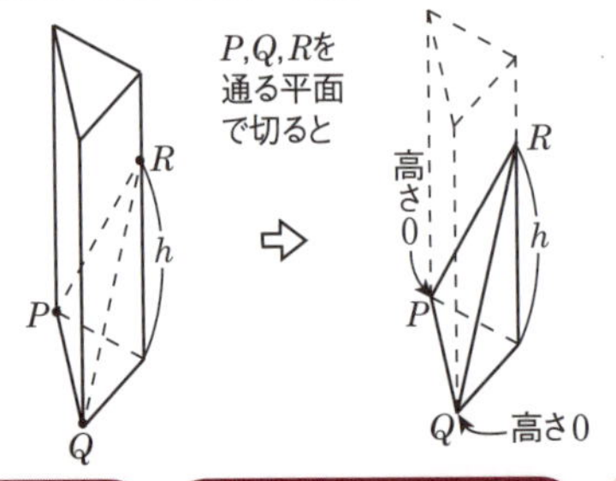

図2　底面積Sのとき体積は?

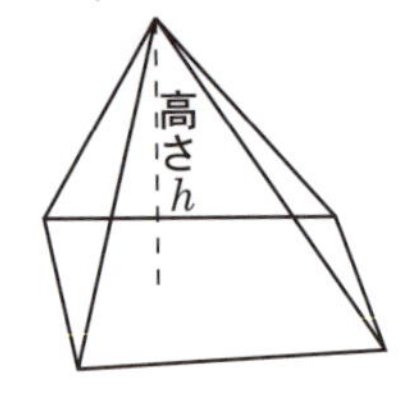

図3　底面を4つに分ける

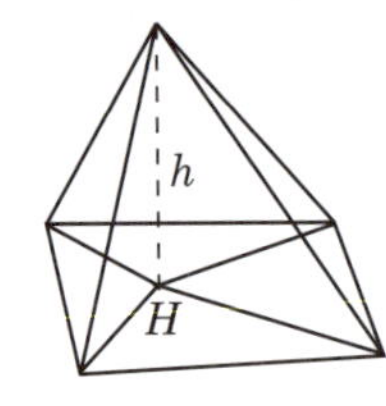

図4　1つの固まりを切り出す

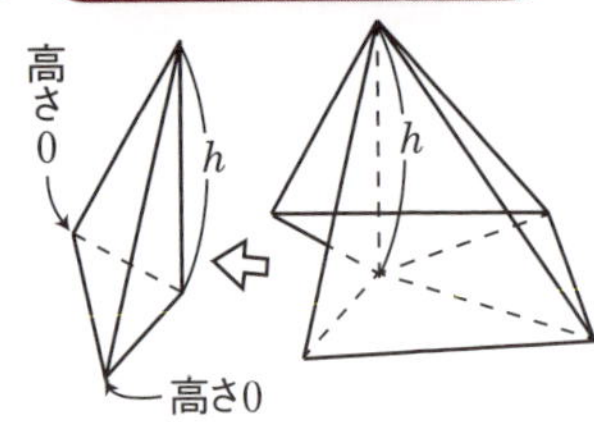

底面の面積がA

この体積は、$\frac{h}{3}\times A$

図5　4つの部分で同じことをやる

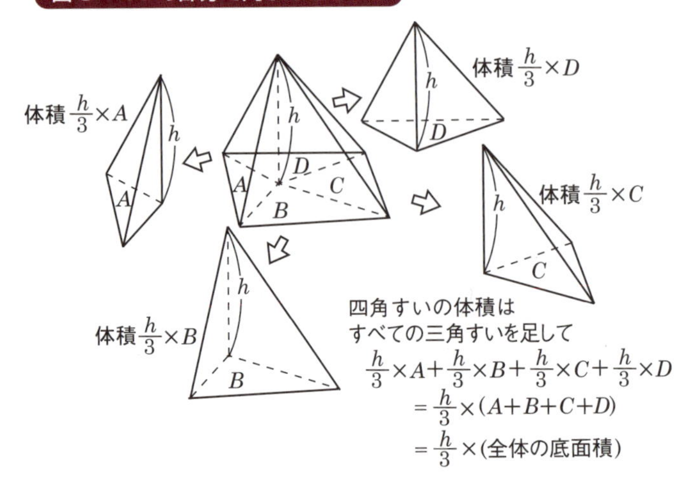

カヴァリエリさん、すごい発見をありがとう！
球の体積の公式

３つの立体の関係式

前項で、すいの体積の公式を出しました。この公式とカヴァリエリの原理を使えば、球の体積の公式が出てきます。

今、P87図１のように円柱、円すい、半球を並べておきます。

ここに出てくる円柱は、底円の半径と高さがともにrとします。半球の半径もrで、円すいの底円の半径と高さもrとします。

このとき、図１に書いてあるとおり、それぞれの体積について以下の式が成り立つのです。

> 半球＋円すい＝円柱　……①
> このことから、
> 半球＝円柱－円すい　……②

この式がなぜ成り立つかはあとに回して、この式から重要な結果が出てくることをお話ししておきましょう。

３つの立体の体積を求める

図１の円柱の体積は、底円の面積×高さで計算できますね。すなわち、

円柱の体積$=(\pi r^2)\times r=\pi r^3$

また、図１の円すいの体積は、前項でやったとおりです。また、「水を３杯くむと円柱を満たす」という教科書にもあったことを思い出せば、今の円柱の1/3と考えることもできます。

円すいの体積$=(\pi r^2)\times r/3=\pi r^3/3$

これで、半径rの半球の体積がわかります。カコミの中の②の式に、今計算した円柱と円すいの体積を代入してください。

半球 $= \pi r^3 - (\pi r^3/3) = (\pi r^3) \times (2/3)$

よって、次の公式が出てきます。

半径 r の球の体積 $= (\pi r^3) \times (4/3)$

これは、半球の体積を２倍にしたものです。

カヴァリエリの威力

それで、このような重要な結果を出すことができた①の式はなぜ成り立つのでしょうか？

これこそ、カヴァリエリの原理の驚くべき威力です。

図２をごらんください。

下から a のところで水平な平面で各立体を切ってみました。すべての切り口は円です。それぞれの切り口の半径から面積を計算してみます。

ピタゴラスの定理を使うと、半球の切り口の半径の２乗が出ます。それは、$(r^2 - a^2)$ です。ですから、切り口の面積は、次のように書けます。ここでは、π をあとに書くことにしました。

$$(r^2 - a^2)\pi$$

すいの切り口の半径は、図２で見るようにちょうど a になります。よって、切り口の面積は、

$$a^2\pi$$

となります。

円柱はどこで切っても半径 r の円で、面積は底円と同じです。

$$\pi r^2$$

よって、高さ a の平面で切った切り口の面積に関して、

半球＋円すい $= (r^2 - a^2)\pi + a^2\pi = r^2\pi =$ 円柱

となって、カヴァリエリの原理から①の式が示されるのです。

図1　カヴァリエリによって、次のことが示せる

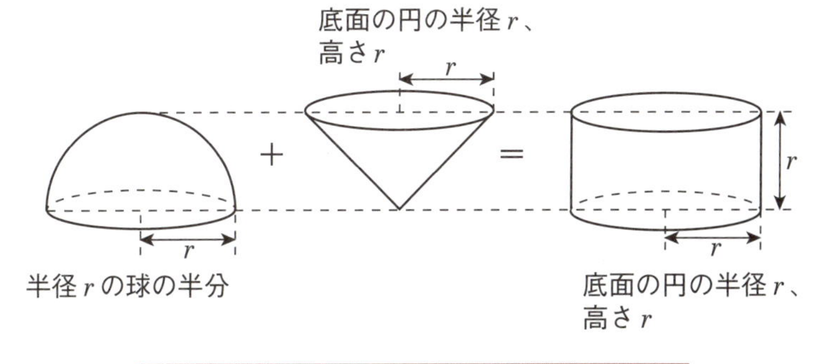

半球の体積 + 円すいの体積 = 円柱の体積

図2　立体を水平な平面で切る

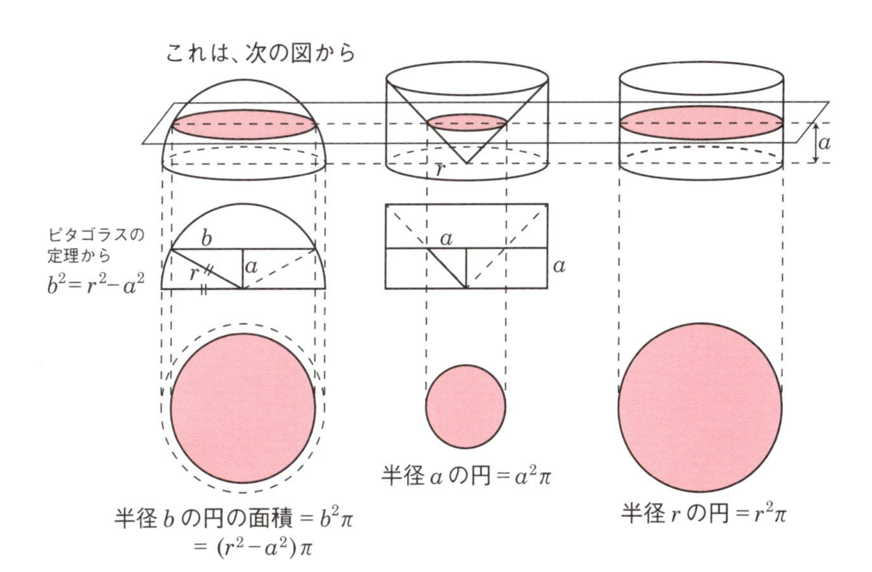

微分より、積分を先に勉強するほうがいい！

積分を定義します

分かった積もり？

高校時代、微積分の時間に、担任の先生が黒板に微分、積分と書き、漢文よろしく返り点などつけて、「微分は『微かに分かる』で、積分は『分かった積もり』だ」と教えられました。私も、それを本気にしていました。

でもそれは冗談でした。積分は、直観的には曲線で囲まれる領域の面積を、領域をうまく分けて計算する作業のことです。一方、微分は曲線を微細に分けて線分とみなし、分析する作業です。

でも、確かに、微かに分かる微分より積分のほうが、分かった積もりになってわかりやすい概念なのです。

歴史的にも、積分は紀元前３世紀のアルキメデスの頃に萌芽が出て、カヴァリエリによって完成に近づいていましたが、微分は 17 世紀のフェルマーの頃に初めてその姿を表すのです。

その理由は明確です。子どもにクッキーをあげたとき、どれが大きいか比べようとしますが、クッキーの曲線に接線をひく子はいませんね。

ところが、現在のカリキュラムでは、「積分は微分の逆演算として定義する」というのが主流です。そうすると確かに、手っ取り早く、計算が簡単そうに見えます。しかし、微かに分かる微分を通しているだけに、積分の意味がわかりにくくなっている点は否めません。

本書では積分を先に紹介します。

曲線を棒グラフで書いて

さて、前おきはそれくらいにして、先ほど、「領域をうまく分けて」といいましたが、その分け方が問題です。それで、棒グラフが出てきたのです。つまり、「関数を棒グラフで描いておいて（棒グラフで分けておいて)」、その面積を計算するのです。

まず、P90 図1のように、$a \leqq x \leqq b$ の範囲で関数のグラフ $y=f(x)$ と x 軸で囲まれる領域に関して、定積分を定義します。曲線と x 軸の間の領域の面積を加えていきますが、$f(x)$ が負の場合はマイナスの面積とします。

とくに、図2のように $f(x)$ の $x=0$ から $x=t$ までの定積分が、t がどんな値のときも t の関数 $F(t)$ になるとき、

$$\int f(x)\,dx = F(x) + C$$

と書きます。そしてこの左辺のことを不定積分といいます。右辺にある C という文字は、積分の範囲の出発点を0以外に変えてもいいように、幅をもたせるための記号です。

そして定積分

不定積分がわかっているとき、この不定積分を利用して、一定の区間 $[a, b]$ で、$y=f(x)$ のグラフと x 軸の間の領域の面積を計算するには、

$$\int_a^b f(x)\,dx = F(b) - F(a)$$

を計算すればいいのです。この計算を定積分といいます。

この計算の段階で、C にどんな数が入っていても、打ち消し合って関係がなくなるようになっています。

この定義から、$y=1(=x^0)$ や $y=x$ の不定積分はすぐ出てきます。

前者の0から t までの領域の面積は、高さ1、横が t の長方形の面積で、それは t です(図3)。

また、後者の0から t までの領域の面積は、底辺 t、高さ t の直角三角形の面積ですから、$t^2/2$ です(図4)。

よって、

$$\int 1\,dx = x + C,\ \int x\,dx = x^2/2 + C$$

となるのですね。

図１　定積分の定義　　**図２　不定積分とは**

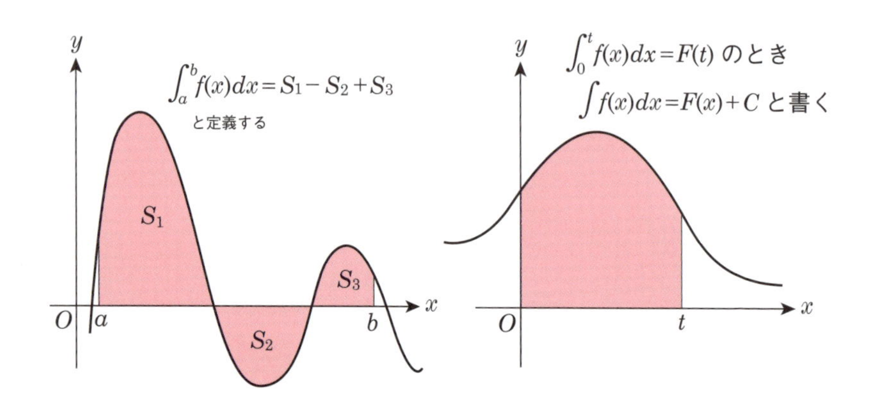

図３　$f(x)=1$ の定積分

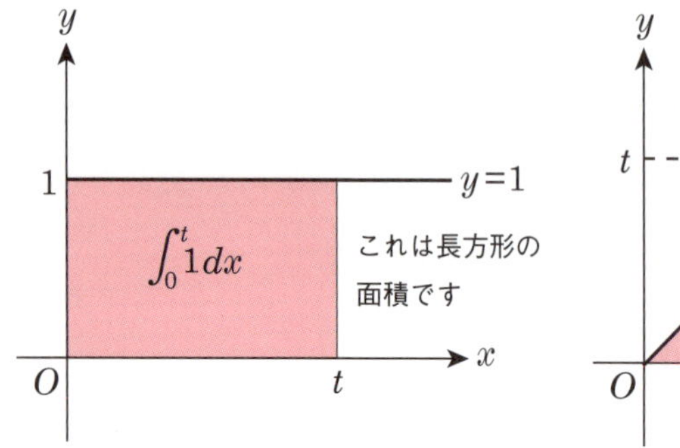

図４　$f(x)=x$ の定積分

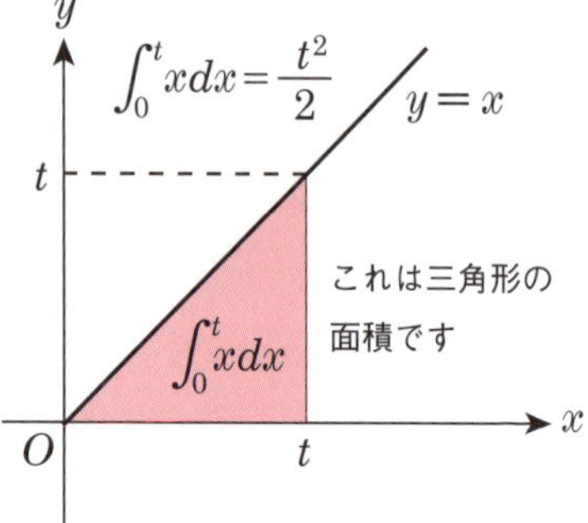

薄いハムに近似して計算する
すいの体積で２次関数の積分

大きな道具に頼らない

前項の積分では、$y=c$ や $y=x$ などで、そのグラフが直線になるものばかりでした。ですから、「積分でなくとも計算できる」という不満が出てきそうです。

そこで、その次に簡単な、それでいて重要な２次関数の積分にチャレンジしてみましょう。

というと、ほとんどの教科書が採用しているのは、「積分は微分の逆演算」という、「微分積分学の基本定理」を使う方法です。

やはりそれを使いたくなったでしょうか。

でも、ちょっと我慢してください。ここでは、今までの知識だけで計算してみましょう。

大きな道具に頼らないほうが、理解の深まりに資すると考えるべきなのです。

x^2 の積分のために

まず、計算したい $y=x^2$ のグラフを描きます（P93)。

それからその下に、空間座標で、原点を頂点にもち、底面が正方形の大きな四角すいの立体を描きます。この四角すいは、$x=t$ のとき切り口の正方形の一辺の長さが t になるようなものです。

ここで、$x=t$ で切って（上のグラフは直線で、下の立体は平面で切ります)、その切り口の長さと面積を比べてください。t がどのような点でも、ともに、t^2 ですね。

これから、（拡張された）カヴァリエリの原理によって、$x=0$ から $x=t$ までの上のグラフの面積と下の立体の体積が等しくなります。

ここで、下の立体の $x=0$ から $x=t$ までの体積を考えます。下の立体は一辺の長さtの正方形を底面とする四角すいでした。そして、その高さは、底面のx座標と同じtです。よって、すいの体積の公式から、

$t \times t^2/3 = t^3/3$

となります。

そうすると、上のグラフの面積も$t^3/3$となります。

よって、この結果から、次の積分の式が得られます。

$$\int x^2 dx = x^3/3 + C$$

カヴァリエリの拡張

いきなり、「(拡張された) カヴァリエリの原理」というものを使いましたが、カヴァリエリの原理そのものは、両方とも線分か両方とも領域の場合だけを説明してきました。

でも、片方が線分で、片方が領域でも、それが成り立つということです。

すなわち、座標空間内に、($x-y$平面上の) 領域Aと立体Bがあるとします。これらの領域と立体をx軸と垂直な平面で切ったとき、x軸のすべての$x=t$について、領域の長さと立体の面積が等しければ、領域の面積と立体の体積は同じ数値をもつ (片方は面積でもう一方は体積なので、単位は例えば、cm^2とcm^3などと異なります)。

その証明は、両方に薄い幅をつけて棒グラフや薄いハムに近似して面積と体積を計算することで得られます。薄い幅をつけたときもその値が等しくなります。これらを次々に加えた棒グラフの面積の総和やハムの体積の総和が全体の面積や体積に近似され、等しくなるのです(図2参照)。

図1　$y=x^2$ の積分のために

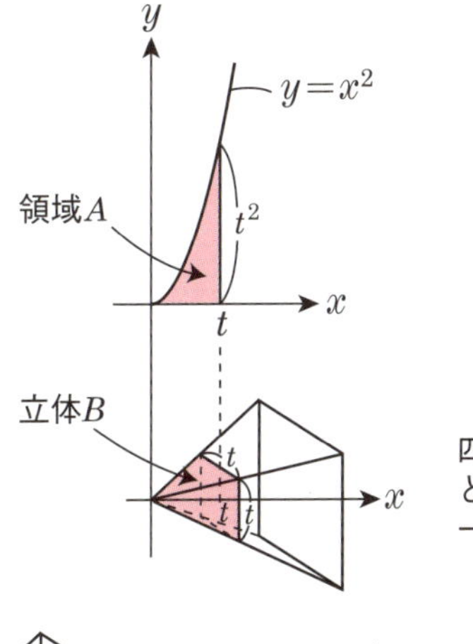

四角すいで、x座標がtの
ところの切り口は
一辺の長さtの正方形

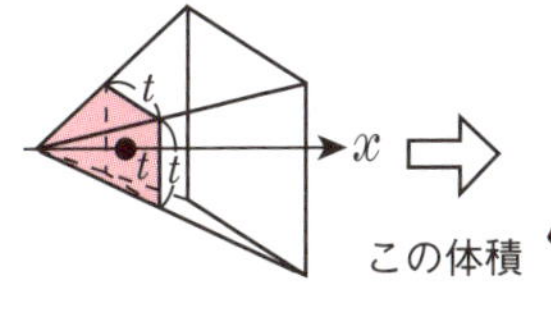

この体積

t
t
t

底面積 t^2
高さ t

よって体積 $\dfrac{t\times t^2}{3}=\dfrac{t^3}{3}$

図2　カヴァリエリの拡張

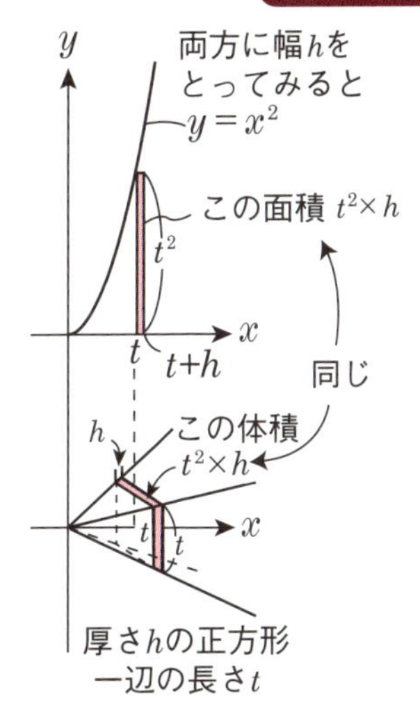

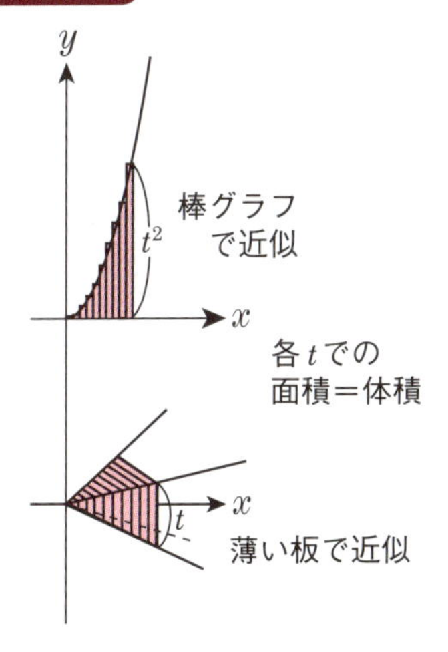

ゆとりのための不自然な線引きは信じられない

２次関数の積分とカヴァリエリの原理

教科書にないのはもったいない！

ここ半世紀近く、学習指導要領では、高校で数Ⅲを学ばない限り、積分は２次関数までとなっていました。

確かに２次関数は、そのグラフが線対称の性質をもち非常に美しく、重要な関数です。でも、他にも美しく面白い関数はたくさんあります。例えば、３次関数は点対称で、(最大値でない) 極大値があれば、(最小値でない) 極小値も出てくる最初の関数です。そして、それゆえ、その曲線で囲まれる面積にも面白い法則があるのです。

かなり多くの生徒が３次関数は微分までしか学ばないのはもったいない話です。生徒のほうからしても、積分が２次関数までできれば、すぐに「３次関数はどうだろうか？」という疑問が出てくるはずです。2000年に日本で開かれた数学教育国際会議で、私はたまたま微分積分分科会のお世話をしていました。そのとき、「日本では、高校のかなりの生徒にとって、積分は２次までである」という話が出たとき、多くの国の参加者が驚いていました。

もちろん、他の国では、微分積分自体を学ばない高校生も多いのですが、「微分は３次関数まで、積分は２次関数まで」という不自然な線引きは、他国の数学関係者にとってとても信じられないものだったのです。

とりわけ、数学そのものが、一般化することによって応用範囲を広げてきたものですから、その教科で範囲を狭めることは自殺行為に等しいと考える方もいらっしゃるでしょう。

範囲を狭めて負担は減ったか

「負担を減らすために範囲を限定した」といういい方がされていまし

たが、今のセンター試験を見ていると、「範囲を狭めることで負担が軽くなった」とは到底いえないことがわかります。つまり、次のように問題の傾向が流れていったのです。

積分の範囲が２次関数までになった→予備校であらゆる２次関数の公式を覚えさせる→積分の意味を知らなくても公式だけで解ける→公式では解けないように、一定の平均点になるように（少し複雑な）文字式にする。

こうして、積分の問題は曲線の囲む面積を求めるという趣旨を離れて、味気ない「文字式の変形の作業」に成り下がってしまいました。

こうなるのなら、微分も積分も、一般の n 次関数の式を求めさせるほうがスッキリするはずです。

２次関数はカヴァリエリから

次頁の図は、宮永望氏が数学協会のホームページに投稿した２次関数の積分の計算です。

カヴァリエリの原理と２次関数のグラフの対称性を巧みに利用して、２次関数の積分をかなり初等的に計算します。

①で直線と放物線で囲まれた部分の面積を考えます（面積を S とおきます)。

これを２通りの見方で変形して②にします。

まずは、カヴァリエリの原理から③の放物線と x 軸の囲む面積と考えることができます。

これを x 軸方向に２倍し（④）さらに y 軸方向に４倍して②になります。カヴァリエリの原理で面積は２倍×４倍で $8S$ と表せます。

一方、②を⑤のように３つの領域に分解すると、$2S+1$ となります。

$2S+1=8S$ から、$S=1/6$ となるのです。

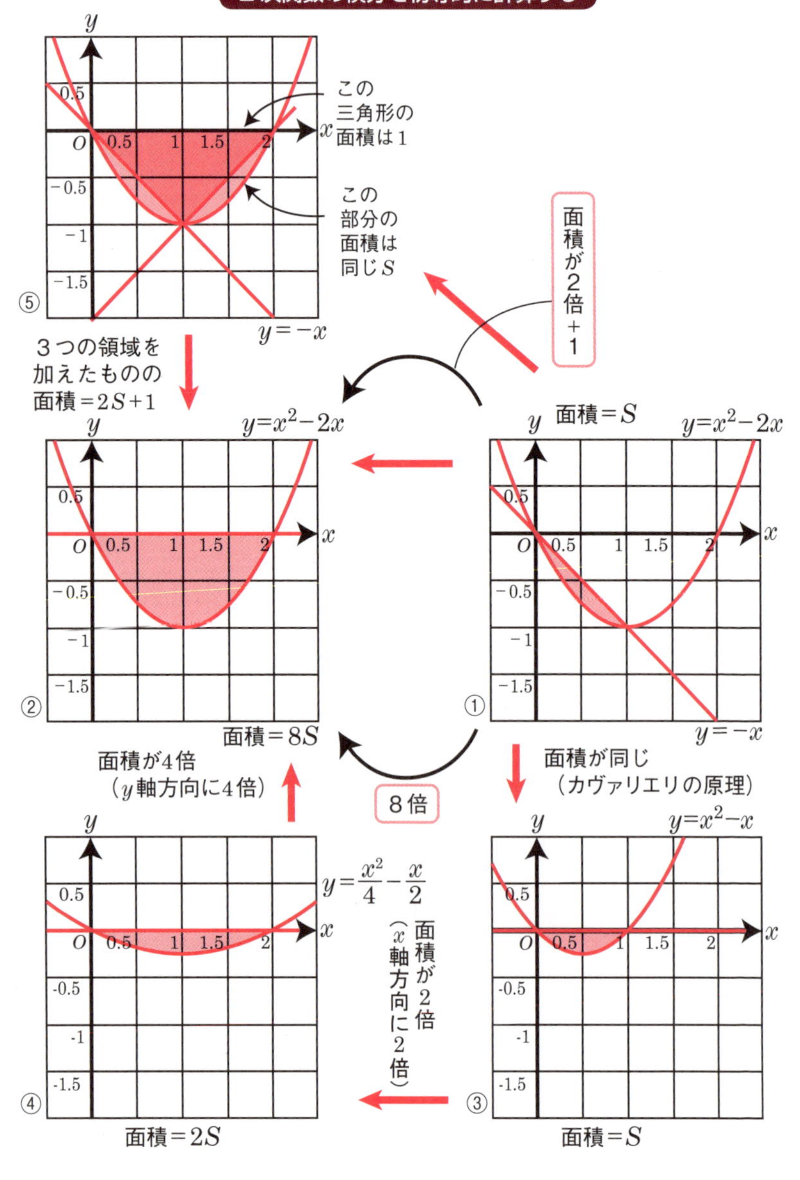
2次関数の積分を初等的に計算する
この
三角形の
面積は1
この
部分の
面積は
同じS
面積が2倍+1
$y=-x$
3つの領域を
加えたものの
面積$=2S+1$
$y=x^2-2x$
面積$=S$
$y=x^2-2x$
$y=-x$
面積$=8S$
面積が4倍
（y軸方向に4倍）
8倍
面積が同じ
（カヴァリエリの原理）
$y=x^2-x$
$y=\frac{x^2}{4}-\frac{x}{2}$
面積が2倍
（x軸方向に2倍）
面積$=2S$
面積$=S$
①
②
③
④
⑤

結果が一緒なら、どんなルートでもOK！

積分で面積計算をしてみよう

まずはパターン通りの計算方法で

では、実際に積分を使って面積の計算をしてみましょう。

問題
$y=(x-4)(x-5)$とx軸で囲まれる部分の面積を求めなさい。

「囲まれる部分」などと書いてあったら、まずグラフを描いて、求める面積がどのようなものかを明確にします。

P99図１の色の部分が面積を求める領域ですね。範囲はxが４から５までの間です。このとき、グラフとx軸との関係にも注意しましょう。

明らかにこの範囲では、グラフがx軸より下ですので、この区間の積分は、－(面積)の値となります。ですから、積分する関数にマイナスの符号をつけるか、あるいは積分してから符号を変えましょう。

結局、$y=(x^2-9x+20)$の積分で、

$$-\int x^2dx+\int 9xdx-\int 20dx$$

を４と５の間ので積分で計算することになります。

計算式の書き方としては、４から５までの定積分ということを明記するために、$\int$の下に区間の出発点４を書き、上には区間の最後の５を書きます。

次に、前の項でx^2を積分したら不定積分として$x^3/3+C$になることを見ておきました。

そこでx^2の４から５までの定積分は、$x^3/3$のxに５を入れたものから、xに４を入れたものを引くという操作をするのです。

このことを記号で$[x^3/3]$と書きます（かぎかっこのうしろの下に４、上に５を書く）。

同じく、xの不定積分は$x^2/2+C$でしたから、同じように$x^2/2$をか

ぎかっこでくくって、うしろに４と５をつけます。

さらに20の不定積分は$20x+C$ですから、これも同じようにかぎかっこでくくって…とやります。

次に、かぎかっこの中式のxに５を入れたものから４を入れたものを次々に引いていきます。

このとき、因数分解を使うと少しはラクになるはずです。

例えば、

$$a^3-b^3=(a-b)(a^2+ab+b^2)$$

$$a^2-b^2=(a-b)(a+b)$$

などですね。

あとは、少し面倒ですが、分数計算を間違えなければ、面積が計算されます。

答えは、1/6となります。

他にも２つの方法がある

最初の計算だったので、本当にパターンどおり計算していきました。だけど、あんなに複雑な計算をして、1/6という比較的簡単な答えになる場合は、「何か簡単な方法がありそうだ！」と思ってください。

そのとおり、簡単な方法があります。図１をよくみてください。それから、２次関数はすべて相似でしたね。x^2の係数が等しければ、合同なグラフです。

だったら、グラフを左に４だけ移動してみましょう。この関数は$y=x^2-x$で、式も簡単です。

計算は、片方が０だから、さらに簡単です。「微分積分は計算だけ」という方がいますが、明らかに違いますね。

さらに、P95の計算でも、1/6になることが出ています。結論は同じでも、さまざまなルートがあります。

基本を押さえたうえで、好きな方法を選んでください。

図1　積分を使って面積を求める

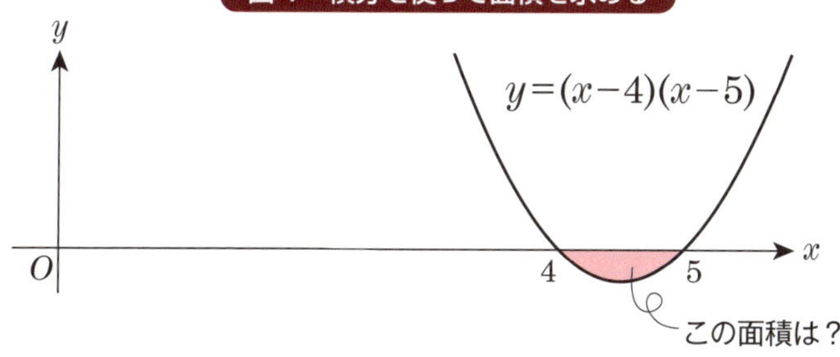

$$y=(x-4)(x-5)=x^2-9x+20$$

$$\int_4^5 -(x^2-9x+20)\,dx=\int_4^5 -x^2dx+\int_4^5 9x\,dx-\int_4^5 20\,dx$$

↑ x軸の下だから
マイナスをつける

$$=-\left[\frac{x^3}{3}\right]_4^5+\left[\frac{9x^2}{2}\right]_4^5-\left[20x\right]_4^5$$

$$=-\left(\frac{5^3}{3}-\frac{4^3}{3}\right)+\left(\frac{9\cdot 5^2}{2}-\frac{9\cdot 4^2}{2}\right)-(20\cdot 5-20\cdot 4)$$

$$=\frac{-61}{3}+\frac{81}{2}-20=\frac{1}{6}$$

他の方法でこんなに簡単に！

$$\int_0^1 -(x^2-x)\,dx=\int_0^1 -x^2dx+\int_0^1 x\,dx$$

$$=-\left[\frac{x^3}{3}\right]_0^1+\left[\frac{x^2}{2}\right]_0^1$$

$$=-\left(\frac{1^3}{3}-\frac{0^3}{3}\right)+\left(\frac{1^2}{2}-\frac{0^2}{2}\right)$$

$$=\frac{1}{6}$$

$y=x(x-1)=x^2-x$

y　x　O　1

これでも同じ面積！

コラム

破天荒の天才アルキメデス

「うんこはみだしの法則」のところでもお話ししましたが、アルキメデスのもっとも有名なエピソードは、裸で街の中を「バンザーイ、バンザーイ」と叫びながら走ったことです。

このような奇行が天才に多いのも、すべて（自分が裸であることも）忘れるほどに、問題に集中しているからなのでしょう。

このときの発見が、カヴァリエリの原理につながっていることは、すでにお話ししました。それだけでなく、彼は、「カヴァリエリの原理」による図の円すいと半球と円柱の体積の関係も出したといわれています。

さらに、アルキメデスは、曲線を折れ線で近づけて、いろいろな図形の面積・体積を計算しました。正 96 角形を円の外と内から近づけて円周率を 3.14 と計算したこともその1つです。

また、放物線についても、深く研究をしていました。彼が作った投石器は軍艦を壊し、集光機（放物面のように鏡を並べたもの）は軍艦まで焼き払ったといわれています。当時最強といわれていたローマ軍も、アルキメデスのいる小国シラクサを落とせませんでした。ローマ軍の兵士は、彼の姿を見ると、「また、アルキメデスが新しい武器を作って、攻められるのでは」といって、逃げ出したと記されています。

アルキメデスの最期も天才の面目躍如です。難攻不落のシラクサも、味方の裏切りで陥落します。そのとき、アルキメデスは砂に幾何の問題を書いていたそうです。敵軍の馬が踏んだので、「図形を踏むな」と叫んで殺されたとのことです。敵将のマルケスは、それを悲しみ、アルキメデスを殺した部下をうとんじたといわれています。

第4章

微かく分ける…すると、どうなる？

～フェルマーがやった2次関数の微分

小学校で習った折れ線グラフが、ここで役に立つなんて！
微分とは何か？

「知識のウサギの糞」

表題の「微分とは何か？」は、悩ましい設問です。

私の『マンガ微積分入門』がベストセラーになったとき、週刊誌が特集を組んでくれました。そのとき、予備校のある教師が「微分積分は概念をわかったって役に立たない。武道の型と同じで問題を解いて答えを出す鍛錬のみだ」という趣旨のコメントを出していたのです。実際、私の経験でも、また多くの人の話を聞いても、そのコメントの方法が教育の世界で一般的な方法だったのです。

だから、小学校からの折れ線グラフの知識も役に立たないと思われていました。また、さまざまな面積の公式もバラバラで有機的なつながりをもてなかったのです（このことを、数学教育の大御所の茂木勇先生は「知識のウサギの糞状態」と形容しました）。

微分の意味

では、私の考える「微分とは」の回答を述べましょう。

「曲線を微小な線分をつないだ折れ線グラフと考える」と捉(とら)えなおすことです。

例えば、アルキメデスが正96角形で円周の長さを測定したことを思い出してください。円弧も典型的な曲線の1つですが、円を描いて「正96角形だ」といっても誰も疑いません。つまり、なめらかな曲線を十分小さな区間に分割して拡大して見ると、その部分部分はほとんど線分に見えるのです。

こうして、中学校まで描いてきたさまざまの折れ線グラフが曲線へのステップであったことがわかるのです。

「曲線を拡大して微小な区間をとり出すと、その区間では線分、つまり１次関数で、折れ線グラフの一部だった」ということになると、曲線上のある点 A での線分は、いったい何を意味しているのでしょうか？

線分は、両端がありますが、ユークリッドはちゃんと次の約束事を用意しておいてくれました。

「線分はその両端を限りなく延長することができる」

延長したものは、何でしょうか？

「直線に決まってる」。たしかにそうですが、その直線はもとの曲線とはどんな関係にあるでしょうか？

拡大したままだと状況がわかりにくければ、また、図をもとに戻してみましょう。そうすると、その直線が点 A で曲線に接しているのが見えてきます。こうして、点 A での接線が登場します。

そして導関数へ

この考え方で、微分は次のように定式化されます。グラフがなめらかな曲線のとき、$(a, f(a))$ のまわりを拡大すると線分に見えます。その線分の傾きは、点 A での接線の傾きでした。

この傾きを $f'(a)$ で表します。これを、$x=a$ での $f(x)$ の「微分係数」といいます。そして、a の値を変えると、微分係数 $f'(a)$ も変わります。この a に微分係数 $f'(a)$ を対応させる関数 $f'(x)$ が導関数です。

つまり、以下のことが成り立ちます。

> 点 a での微分とは、関数 $y=f(x)$ を点 a のまわりで十分大きく拡大して、直線の式、つまり１次式とみなす操作。
>
> また、その直線の傾きは微分係数 $f'(a)$ で、$f'(a)=p$ とすると、a のまわりで $y=f(x) \fallingdotseq px+q$ とみなすことができる。

微分とは

曲線を微小な線分をつないだ折れ線グラフと考える。

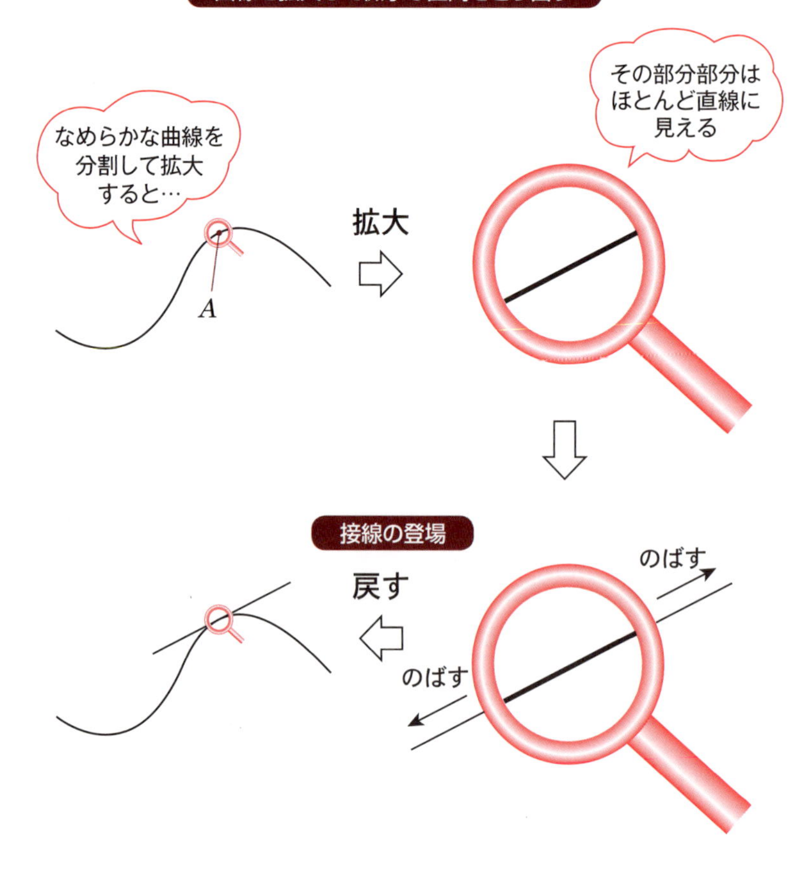

数学的直観は、こんなに正しかった！
なめらかな曲線

微分可能とはどういうこと？

前項では、「なめらかな曲線」という前提で点 A での微分係数を定義しました。つまり、点 A で微分できるのは、A のまわりでそのグラフを拡大したとき、線分に見えることが必要でした。直観的に「曲線がなめらかだったら、そうできるだろう」と考えられるからです。

これを逆手にとって、

「A のまわりでそのグラフを拡大したとき、線分に見える」という状態を「A でグラフがなめらか」あるいは「A でそのグラフを与える関数が微分可能」ということにすれば、直観を生かすことになります。

えっ、「あまりにご都合主義じゃないか」って。そんなことはありません。数学の定義は、現象を分析・解明するために定義をしていくものですから、解明にとって便利な定義が一番です。

そして、わかりやすいように定義したほうが、皆さんも解明に参加できるでしょう。

それに、あんまり案ずることはありません。多くの現象は、微分可能な関数で近似して解明できるのです。

不連続なグラフ

「近似できる」といいましたが、そのことはなめらかでない点を含むグラフもあるということを意味しています。つまり、微分できない点をもつ関数もあるのです。それは、前にもあげた株のグラフが典型的なものです。「一般的には、それは、測定誤差に近いものと考えたほうがよい」ともいいました。

でも、株価のグラフなどでも、サブプライム問題から引き起こされた大暴落や87年のブラックマンデーのときなどには、測定誤差とはいい切れないようなグラフが表れました。

とくに、あまりにも上または下への動きが激しい場合、そのグラフはつながっていないように見えます。これを「不連続なグラフ」といいます。この点では、微分係数は計算できないことにします。

ここで、無理に微分係数を決めても、その応用的な価値があまりないので、そう決めておくのです（何度もいいますが、数学は解析に都合のいいように言葉を定義するのです)。

左右の傾きが違う！

微分係数が決められない点は、不連続点の他に連続なグラフをもつ場合にもあります。

それは、例えば、とがった点です。とがった点が多く例示されますが、何もとがっていることが本質ではありません。それは、右からの傾きと左からの傾きがちがっている場合です。この場合、その点の線分の傾きをどちらにしてよいか困るからです。

特異点にこそ本質が隠れている

以上の、不連続な点などの微分係数が決められない点を他の通常点と異なるので「特異点」と呼びます。

そこでは、微分係数がありませんから、接線を引くことができません。左右の傾きが違って微分係数が決められない点 A では、関数の $f(x)$ グラフは連続です。

でも、A をはさんで曲線の傾きがちがうのですから、その導関数 $f'(x)$ のグラフは、不連続になります。

これらのグラフは、ここでは扱わないことにしました。でも、それらの不連続点が無意味ということではありません。むしろ、こういう点にこそ、ことの本質が隠れていることが多いのです。

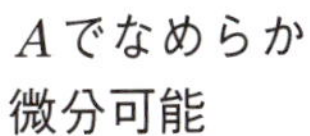

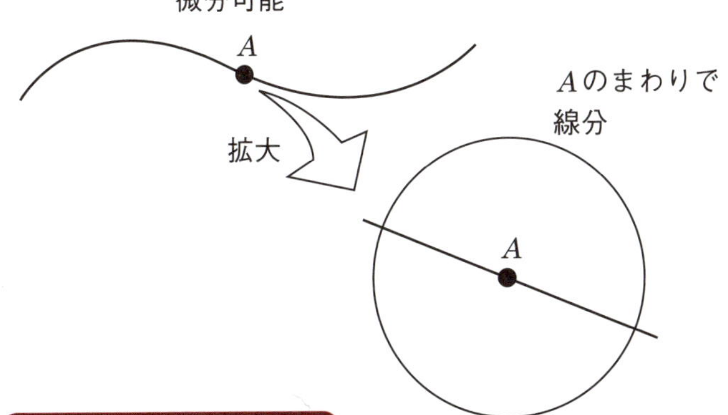

不連続なグラフは微分できない

連続なグラフでも微分できない場合

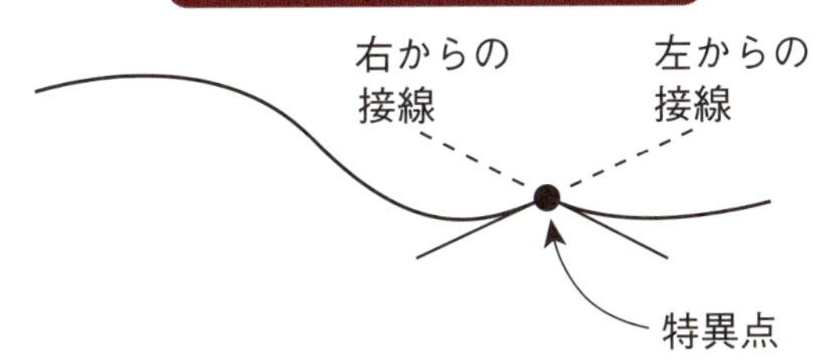

大砲の弾丸が描いた放物線は、微積への栄光の懸け橋

フェルマーがやった２次関数の微分

１次関数の微分

まず、もっとも簡単な１次関数 $f(x)=y=px+q$ の微分を考えましょう。

このグラフ $y=px+q$ は傾き p の直線ですから、どの点で微小部分をとって拡大しても（拡大しなくとも）、傾き p の線分になります。よって、この関数 $f(x)$ について、導関数は $f'(x)=p$ です。この結果をまとめておきましょう。

> １次関数の導関数
> $f(x)=px+q$ について、$f'(x)=p$
> このことを
> 　$(px+q)'=p$　と表す。

２次関数の微分

１次関数は、曲線ではないので、微分のありがたみがわかりません。

では、２次関数の微分はどうでしょうか？

これを最初に研究したのが、フェルマー、パスカルらです。ちょうど彼らの時代に大砲の性能が上がって、思うような初速と筒の角度を決められるようになったのです。また、大砲の弾丸が放物線を描き、筒がその接線ということもわかっていました。そうなると、放物線とその接線の関係は軍事的に重要な意味をもつようになっていたのです。

彼らは放物線でもっとも基本的な $y=x^2$ のグラフのいくつかの点で接線をひいてみました。

P110左下図のように、$x=0$ では、接線は水平で、この傾きは０です。

$x=1$ では、接点は $(1, 1)$ で、接線を伸ばすと、y 軸と -1 で交わります。すなわち、x 軸方向に１進んだら２上がりますから、傾きは２です。

$x=2$では、接点は$(2, 4)$で、接線とy軸が交わる点は$y=-4$で、接線は、xが2進むとyが8上がりますから、傾きは4です。

$x=3$では、接点は$(3, 9)$で、接線とy軸との交点は-9となり、接線の傾きは6とわかります。

ここまでくると、パスカルらと同じように、何か気づくでしょう。

そうです、点$P(a, a^2)$で接線をひいたとき、その接線とy軸との交点は、$Q(0, -a^2)$になるのです。

この接線の傾きは線分PQの傾きで、これは、x方向にa進んだとき、y方向に$2a^2$上がります。傾きは、

$2a^2/a=2a$　となるのです。

皆さんも、実際にコンピュータ等で打ち出したグラフにいくつかの点で定規を当てて、(a, a^2)で接線をひいてみましょう。その接線がy軸とで交わる点を確かめてください。そのy軸上の点は、$(0, -a^2)$となっているはずです。

さて、このことから、$f(x)=x^2$の$x=a$での微分係数が求まります。それは$2a$ですね。これは、aの値がどうであってもその結果になるのですから、$f(x)=x^2$の導関数が求められたわけです。すなわち、次のことがいえます。

> 2次関数の導関数
> $f(x)=x^2$について、$f'(x)=2x$
> このことを
> 　$(x^2)'=2x$　と表す。

ここでは、「2次関数の…」と書いてしまいました。でも、2次関数は、これだけではありませんでしたね。そこで、「2次関数のグラフである放物線はすべて相似である」という結果がいきてくるのです。

つまり、この結果は、他の2次関数にも使えます。

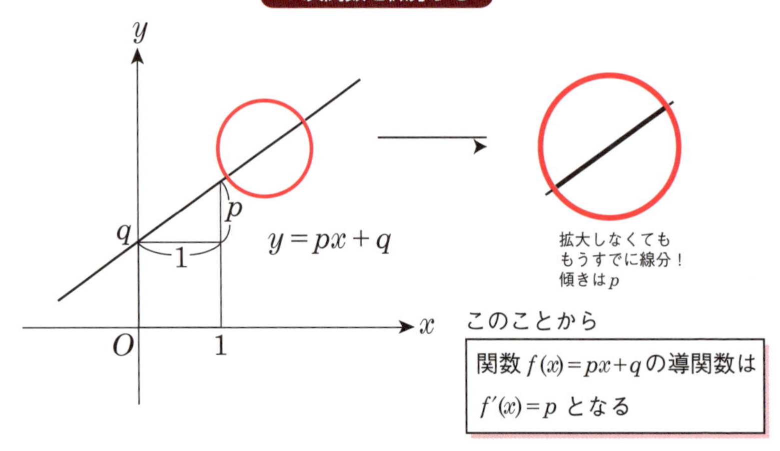
1 次関数を微分する
y
x
O
1
q
p
1
$y = px + q$
拡大しなくても
もうすでに線分！
傾きはp
このことから
関数 $f(x) = px + q$ の導関数は
$f'(x) = p$ となる

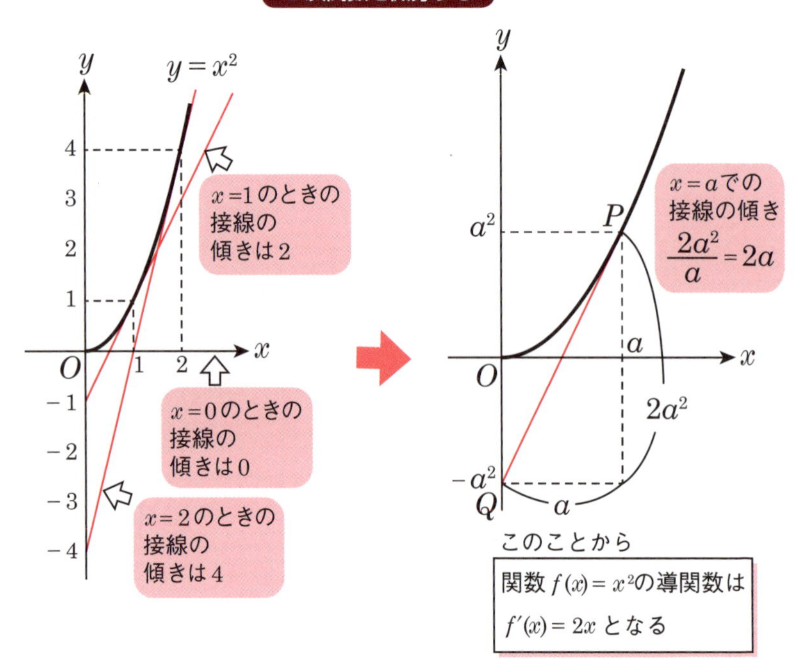
2 次関数を微分する
y
$y = x^2$
4
3
2
1
O
1
2
x
-1
-2
-3
-4
$x = 1$ のときの
接線の
傾きは 2
$x = 0$ のときの
接線の
傾きは 0
$x = 2$ のときの
接線の
傾きは 4
y
x
O
a^2
P
a
$2a^2$
$-a^2$
Q
a
$x = a$ での
接線の傾き
$\frac{2a^2}{a} = 2a$
このことから
関数 $f(x) = x^2$ の導関数は
$f'(x) = 2x$ となる

２次関数が、すべて微分できた！
関数の演算と微分

関数の演算と実数倍

数は足し算・掛け算などでその領域を拡大していきました。関数も同じように、足し算や掛け算などでその種類を増やすことができます。

$f(x)=x^3-2x^2+4$

$g(x)=x^2-2x+1$

について、その例をあげていきましょう。

●関数の足し算とは、

$f(x)+g(x)=(x^3-2x^2+4)+(x^2-2x+1)=x^3-x^2-2x+5$

のように、項ごとに足すものです。

●一方、実数倍とは、

$3f(x)=3(x^3-2x^2+4)=3x^3-6x^2+12$

のように、項ごとに実数倍します。

●また、関数の掛け算は、

$f(x)\times g(x)=(x^3-2x^2+4)\times(x^2-2x+1)=x^5-4x^4+5x^3+2x^2-8x+4$

と、展開して加えたものになります。

今の例は、ともに多項式で表される関数でしたが、そうでない場合でも同じように足し算、実数倍、掛け算が定義できます。

さて、これらの演算は微分にどのような影響を与えるのでしょうか。

足し算の微分

今、$y=f(x)$ と $y=g(x)$ がともに a で微分可能とします。そして、それぞれの微分係数を $f'(a)=m$ $g'(a)=p$ とします。このとき、$f(x)$ と $g(x)$ は a のまわりの十分小さな範囲で、線分（１次関数）とみなせて、その傾きはそれぞれ、m、p と考えられます。つまり、

$f(x)\fallingdotseq mx+n$

$g(x) \fallingdotseq px+q$

（この式の n と q はあまり本質的ではありません）

よって、

$f(x)+g(x) \fallingdotseq (mx+n)+(px+q) \fallingdotseq (m+p)x+(n+q)$

この式は、

$(f(x)+g(x))'=m+p=f'(a)+g'(a)$

を意味しています。

この計算で $x=a$ であることは、使っていません。ですから、この計算はいつでも成り立ちます。よって、次の導関数の式が成り立ちます。

$(f(x)+g(x))'=f'(x)+g'(x)$

実数倍の微分

今度は、$kf(x)$の微分を考えましょう。ただし、k は実数とします。やはり、$f(x)$ の $x=a$ での微分係数を $f'(a)=m$ とします。$x=a$ のまわりで $f(x) \fallingdotseq mx+n$ ですから、

$kf(x) \fallingdotseq k(mx+n)=kmx+kn$

これは、$kf(x)$ の $x=a$ での微分係数が $km=kf'(a)$ になることを意味しています。この計算でも、やはり、$x=a$ であることは、使っていません。ですから、この計算はいつでも成り立ちます。よって、次の導関数の式が成り立ちます。

$(kf(x))'=kf'(x)$

すべての２次関数で微分が可能に

これで２次関数はすべて微分できることになります。

例えば、$3x^2+5x+4$ の導関数を求めるには、

$(3x^2+5x+4)'=(3x^2)'+(5x+4)'=3(x^2)'+(5x+4)'=3(2x)+5=6x+5$

と計算されます。

足し算微分の例

	$f(x)$	$g(x)$	$f(x)+g(x)$
関数	x^3-2x^2+4	x^2-2x+1	x^3-x^2-2x+5
導関数	$3x^2-4x$	$2x-2$	$3x^2-2x-2$
$x=0$での微分係数	0	−2	−2
$x=1$での微分係数	−1	0	−1
$x=2$での微分係数	4	2	6

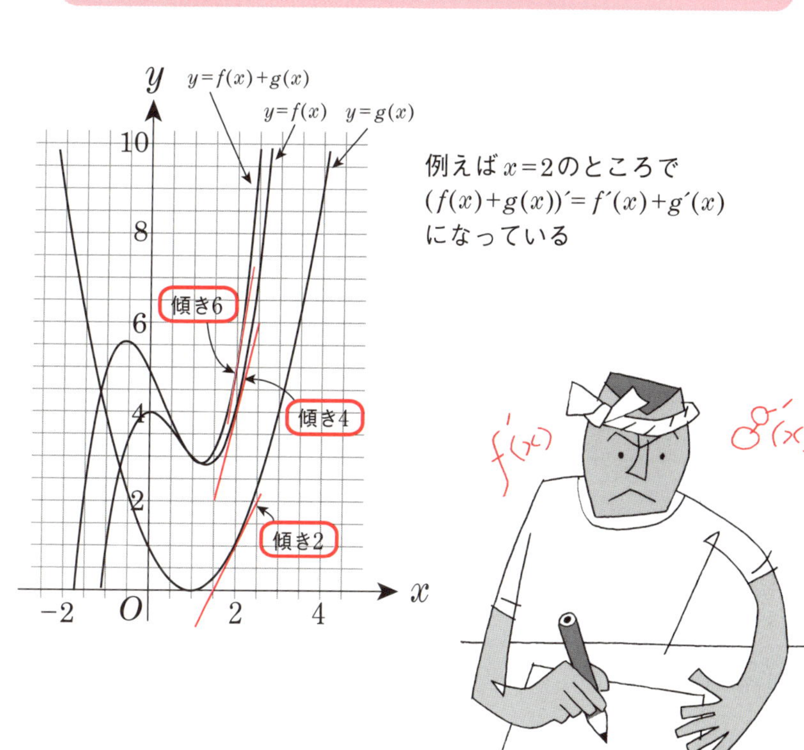

例えば$x=2$のところで
$(f(x)+g(x))'=f'(x)+g'(x)$
になっている

公式はバラエティに富んでいる！

掛け算微分とは

掛け算で出てくる関数の微分

微分の計算では、関数を掛けてできる関数の微分が基本です。とくに、多項式の関数や、多項式から派生してできる関数では、これが本質的な役割をはたします。では、それを考えてみましょう。

前項と同じく、$y=f(x)$と$y=g(x)$がともにaで微分可能とします。そして、それぞれの微分係数を$f'(a)=m$　$g'(a)=p$とします。このとき、$f(x)$と$g(x)$はaのまわりの十分小さな範囲で、線分（１次関数）とみなせて、その傾きはそれぞれ、m、pと考えられます。つまり、

$f(x)\fallingdotseq mx+n$（とくに$f(a)=ma+n$）

$g(x)\fallingdotseq px+q$（とくに$g(a)=pa+q$）　でしたね。よって、

$f(x)\times g(x)\fallingdotseq(mx+n)(px+q)\fallingdotseq mpx^2+(mq+np)x+nq$

この関数は、２次関数とみなせますから、その$x=a$での微分係数は、この２次関数を微分して$x=a$を代入したものです。

ここで、前項の２次関数の微分係数がいきてきます。

つまり、$f(x)\times g(x)$の$x=a$での微分係数は、この２次式をまず微分して、

$$[mpx^2+(mq+np)x+nq]'=2mpx+(mq+np)$$

これに、$x=a$を代入して、

$$2mpa+mq+np=mpa+mq+mpa+np=m(pa+q)+p(ma+n)$$
$$=f'(a)g(a)+g'(a)f(a)$$

となります。

結果的に次のことが成り立ちます。

$\{f(x)\times g(x)$の$x=a$での微分係数$\}=f'(a)g(a)+g'(a)f(a)$

この計算で$x=a$であることは、使っていません。ですから、この

計算はいつでも成り立ちます。

よって、次の導関数の式が成り立ちます。

掛け算微分の公式 $[f(x)\times g(x)]'=f'(x)g(x)+g'(x)f(x)$

掛け算微分の公式の豊かさ

数学らしくない見出しで失礼しました。でも、そういわざるを得ないほど、この公式からさまざまなことが出てくるのです。

まず、誰でもすぐ思いつくx^nの微分です。まだ出していないx^3の微分から説明します。

$$(x^3)'=(x\times x^2)'=x'\times x^2+x\times(x^2)'=1\times x^2+x\times(2x)=3x^2$$

この$(x^3)'$の結果を用いて、x^4も計算できます。

$$(x^4)'=(x\times x^3)'=x'\times x^3+x\times(x^3)'=1\times x^3+x\times(3x^2)=4x^3$$

以下、同じように進めていけば、一般に、次のことが成り立ちます。

$(x^n)'=nx^{n-1}$

割り算微分ほか

掛け算微分は、掛け算だけにとどまりません。関数の割り算の形の関数でも有効です。計算は、右の図で見ることにして、結果だけ書きます。

$[f(x)/g(x)]'=\{f'(x)g(x)-g'(x)f(x)\}/\{g(x)\}^2$

また、$x^{1/2}$は$(x^{1/2})^2=x$でしたね。これについても、掛け算微分で、$[x^{1/2}]'=(1/2)x^{-1/2}$なども出てきます。

掛け算微分の公式を検証する

$\{f(x)\times g(x)\}'=f'(x)g(x)+f(x)g'(x)$
を試してみよう。

$f(x)=x^3-x^2+2$
$g(x)=x^2+1$　　とする。

$$f(x)\times g(x)=(x^3-x^2+2)(x^2+1)$$
$$=(x^5-x^4+2x^2)+(x^3-x^2+2)$$
$$=x^5-x^4+x^3+x^2+2$$

$(f(x)\times g(x))'=5x^4-4x^3+3x^2+2x$
$f'(x)=3x^2-2x$
$g'(x)=2x$

$$f'(x)g(x)=(3x^2-2x)(x^2+1)=3x^4-2x^3+3x^2-2x$$
$$+)\ f(x)g'(x)=(x^3-x^2+2)\times 2x=2x^4-2x^3+4x$$
$$=5x^4-4x^3+3x^2+2x$$

$x=1$ では、どうなっているか？

$\begin{cases} f'(1)=3-2=1 \\ g'(1)=2 \end{cases}$　$\begin{cases} f(1)=2 \\ g(1)=2 \end{cases}$

$f(x)\fallingdotseq x+1$

$f'(1)=1$より傾き1
$f(1)=2$ となるように定数項を

$g(x)\fallingdotseq 2x+0=2x$

$g'(1)=2$より傾き2
$g(1)=2$ となるように定数項を

よって
$f(x)\times g(x)\fallingdotseq(x+1)\times 2x=2x^2+2x$
$\{f(x)\times g(x)\}'\fallingdotseq 4x+2$
$\{f(x)\times g(x)\}'_{x=1}\fallingdotseq 6$

これは、
$f'(1)\times g(1)+f(1)\times g'(1)$
$=1\times 2+2\times 2=6$
と同じ！

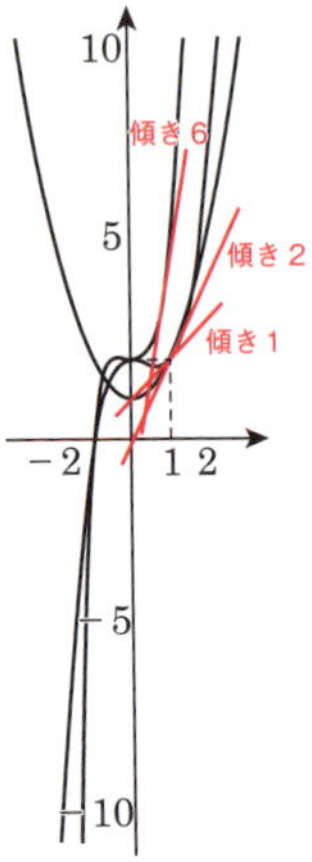

割り算微分の証明

$$f'(x)=\left(g(x)\times\frac{f(x)}{g(x)}\right)'$$
$$=g'(x)\times\frac{f(x)}{g(x)}+g(x)\times\left(\frac{f(x)}{g(x)}\right)'$$

より

$$g(x)\times\left(\frac{f(x)}{g(x)}\right)'$$
$$=f'(x)-g'(x)\times\frac{f(x)}{g(x)}$$
$$=\frac{f'(x)g(x)-g'(x)f(x)}{g(x)}$$

$$\therefore\left(\frac{f(x)}{g(x)}\right)'=\frac{f'(x)g(x)-g'(x)f(x)}{\{g(x)\}^2}$$

$x^{\frac{1}{2}}$の微分の証明

$$\{(x^{\frac{1}{2}})^2\}'=x'=1\ \cdots\cdots\cdots ①$$

一方、

$$\{(x^{\frac{1}{2}})^2\}'=(x^{\frac{1}{2}}\cdot x^{\frac{1}{2}})'$$
$$=(x^{\frac{1}{2}})'\times x^{\frac{1}{2}}+x^{\frac{1}{2}}\times(x^{\frac{1}{2}})'$$
$$=2x^{\frac{1}{2}}\times(x^{\frac{1}{2}})'\ \cdots\cdots\cdots ②$$

①と②より

$$1=2x^{\frac{1}{2}}\times(x^{\frac{1}{2}})'$$

$$\therefore (x^{\frac{1}{2}})'=\frac{1}{2x^{\frac{1}{2}}}=\frac{1}{2}x^{-\frac{1}{2}}$$

株の売り時と買い時

グラフの極大値・極小値

株のグラフ（P21）では、ある一定期間の中の最大の値を「極大値」、最小の点の値を「極小値」、あわせて極値と名前がつけられていることをお話ししました。

関数が与えられたとき、極値を探すにはどうしたらよいのでしょうか。

極値の性質

そのようなときに大きな力を発揮するのが微分です。関数$f(x)$の極大値と極小値で、そのグラフの接線はどうなっているでしょうか？

接線の傾きが0となります。このことをフェルマーは「最大値・最小値の近くでは、関数の値が非常にゆっくり変化する」と述べています。極値は最大値ではありませんが、一定の間では最大値で、最大値と同じ動きになるのです。

ですから、まず、関数$f(x)$のグラフの曲線の傾きを表す導関数、$f'(x)$について、$f'(x)=0$になる点を探すことから始めます。

極値の探し方

その$f'(x)=0$になる点が見つかったら、その点のまわりで、$f(x)$の増減を調べます。これは、$f'(x)$の符号で決まります。$f'(x)>0$ならば、曲線の傾きが正ですから、増加します。逆に、$f'(x)<0$ならば、曲線の傾きが負なので減少するのです。まさしく増える間（Fermat）か減る間（こっちもFermat）を調べます。

増から減に変わるところで極大値、減から増に変わるところで極小値となります。

抽象的な議論ではなかなかわかりにくいので、具体的な関数でやってみましょう。

ここでは、

$$f(x)=x^4-4x^3+4x^2+2$$

の極値を求めてみましょう。

まず、この関数の導関数を出します。それぞれの項の導関数を求めて加えればよいのですね。

$$f'(x)=4x^3-12x^2+8x$$

このあと、$f'(x)=0$となるxを求めることになります。これは、

$$4x^3-12x^2+8x=4x(x^2-3x+2)=4x(x-1)(x-2)=0$$

より、$x=0$と$x=1$と$x=2$が極値の候補になります。

増減表を書く

そこで、これらのまわりの$f'(x)$の符号を調べるのですが、こういう多項式の関数では、重解でない限り、そこで符号が変わります。そこで、xが非常に大きいときには最高次の係数が正なら$f'(x)$も正になる（負なら$f'(x)$も負になる）ことを利用して、$f'(x)$の符号の欄に順に+、−、+、−とつけていけばよいのです。

そうすると、$x=0$のところでは、xの増加にともなって、$f'(x)$の符号が−から+に変わっていますから極小値で、その極小値は$f(x)$のxに0を代入して、$f(0)=2$となります。他の極値も同じようにします。

極値が求まれば、増減を見ながらそのグラフの概形を描くことができます。概形をつかんでおくとなにかと便利です。

極値の判定に簡便な方法もあります。

導関数$f'(x)$もxの関数です。この$f'(x)$をさらに微分し$f''(x)$は$f''(x)>0$のとき下に凸で、$f''(x)<0$のとき上に凸です。

ですから、$f'(x)=0$の点aで次の判定が可能です。

ア　$f'(a)=0$かつ、$f''(a)<0$ならば　極大

イ　$f'(a)=0$かつ、$f''(a)>0$ならば　極小

増減表を書く

$f(x) = x^4 - 4x^3 + 4x^2 + 2$

$f'(x) = 4x^3 - 12x^2 + 8x = 4x(x^2 - 3x + 2)$

$\quad = 4x(x-1)(x-2)$

$x = 0, 1, 2,$ で $f'(x) = 0$

	$x<0$	0	$0<x<1$	1	$1<x<2$	2	$2<x$
$f'(x)$	$-$	0	$+$	0	$-$	0	$+$
$f(x)$	↘	2	↗	3	↘	2	↗

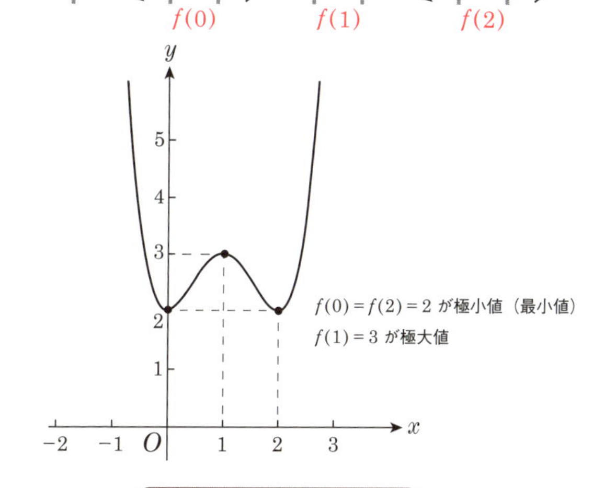

$f''(x)$を使って極値判定

$f''(x) = 12x^2 - 24x + 8$

◎　$x = 0$ のところで

$f'(0) = 0$

$f''(0) = 8 > 0$ より極小値となる

◎　$x = 1$ のところで

$f'(1) = 0$

$f''(1) = -4 < 0$ より極大値となる

◎　$x = 2$ のところで

$f'(2) = 0$

$f''(2) = 8 > 0$ より極小値となる

積分して微分すればもとに戻る！

微分積分学の基本定理

基本は基礎とはちがう！

学習指導要領などで、「基礎・基本」といいます。基礎と基本はちょっとニュアンスがちがうものの、似たものと考えられています。

しかし、数学の「基本定理」というと、微分積分学と代数学にありますが、かなり趣（おもむき）がちがいます。決して基礎ではありません。その分野の本質にかかわる性質です。

今まで、積分の創始者はアルキメデスあるいはカヴァリエリと述べてきました。また、微分はフェルマーとパスカルあたりに源を求めることができました。

それなのに、世間では、微分積分というと、なぜニュートンとライプニッツをあげるのでしょう。

それは、この２人が独自に、微分と積分をつなぐ「微分積分学の基本定理」に達していたからです。

微分と積分をつなぐ基本定理

これまで、積分は面積ですから具体的で、微分は曲線の断片で抽象的でした。

しかし、計算の面からいうと、微分は非常に簡単で、式に表されている関数は微分可能であればほとんど微分の式が出ます。一方、積分は積分できる関数で、簡単な式なのに、その式（不定積分あるいは原始関数ともいう）を出すことができないものが多数あります。

つまり、ともに弱点を抱えているのです。

このあまりにちがう２つの演算が、「じつは逆演算である」ということが示されたのはまさに、基本定理の基本定理たるゆえんです。

つまり、基本定理は「ある関数 $f(x)$ を積分して、それを微分すれば$f(x)$に戻る」また、「ある関数$f(x)$を微分してそれを積分すれば$f(x)+C$になる」というのです。

このことから、「$f(x)$の不定積分は、微分すると$f(x)$になる関数を求めること」という、非常に簡便な積分方法が確立したのです。

実際に、基本定理に挑戦してみましょう。

基本定理の証明

今、P122図1のようなグラフで表される関数$f(x)$が与えられているとします（簡単に$f(x)>0$としておきます）。グラフ$y=f(x)$とx軸、y軸、$x=t$の4つで囲まれる部分を$F(t)$とします。

$$F(t)=\int_0^t f(x)\,dx$$

と書けますから、このFのtをxに代えたものが原始関数だったのですね。

$F(x)$をtのところで微分してみます。図2を見てください。点tでxを少し増やしたときに$F(x)$がどれくらい増えるかが、その点での$F(x)$の傾きになるはずです。

ここで、$F(x)$を十分細い（太さh）棒グラフで表示したとしましょう（図3）。

xをhだけ増やしたときに、$F(x)$はどれだけ増えるかというと、この棒グラフ1本分です。

棒グラフは高さ$f(t)$で、太さhでしたから、その面積は$h\times f(t)$です。

よって、$F(x)$のtでの微分係数は、$F(x)$の増分をxの増分で割ったものですから、

$$\{h\times f(t)\}/h=f(t)$$

これから、

$$F'(x)=f(x)$$

となります。これで、$f(x)$を積分して出てきた関数$F(x)$を微分するとまた$f(x)$に戻ることが示されたのです。

図１　$F(t)=\int_0^t f(x)dx$

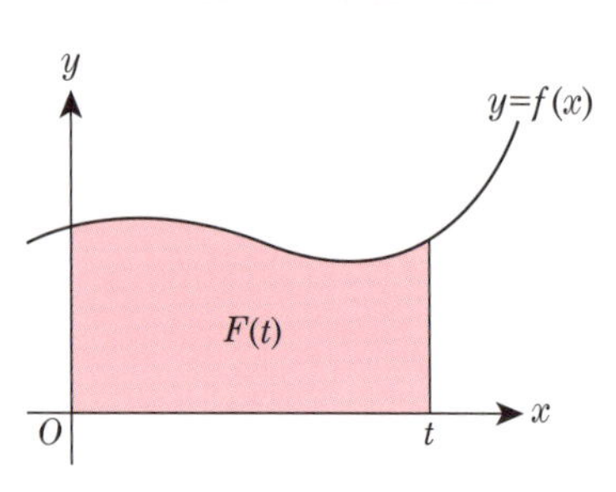

図２　tでの$F(x)$の微分係数

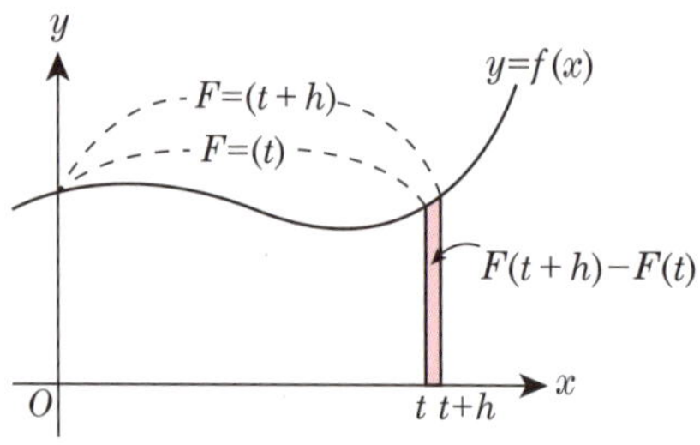

$\dfrac{F(t+h)-F(t)}{h}$ のhをOに近づけたときが
$F'(t)$（tでの$F(x)$の微分係数）

図３　$F(x)$を幅hの棒グラフで表すと

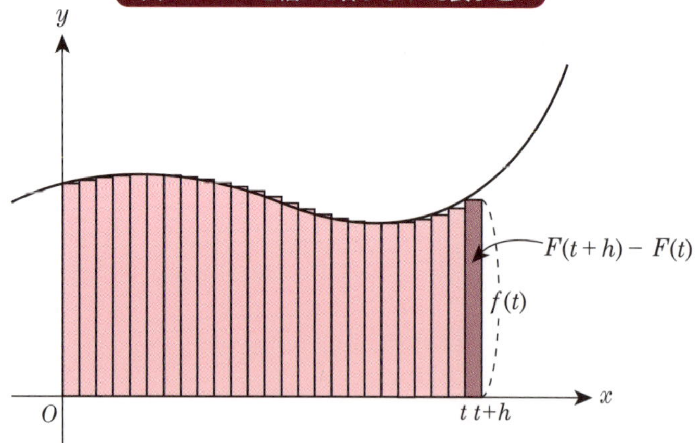

図４　積分して微分するともとに戻る

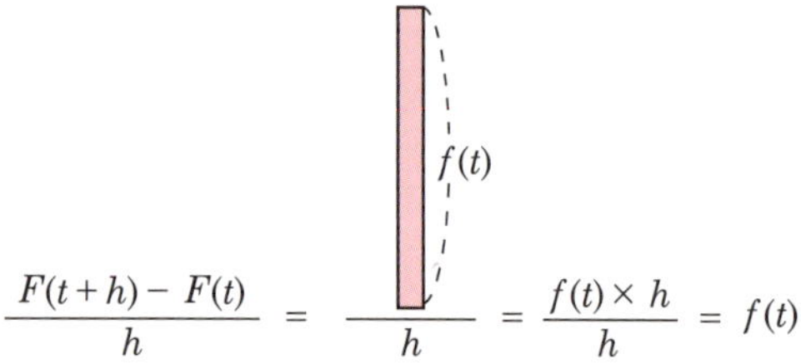

$f(t)$

$$\frac{F(t+h)-F(t)}{h} = \frac{}{h} = \frac{f(t)\times h}{h} = f(t)$$

計算と公式をおさえよう

微分と積分のまとめ

微分と積分のまとめ

ここでは今までの計算の結果をまとめておきましょう。
１～４は計算法で、５からは公式です。
なお、６～８は結果のみ書いてあります。
結果だけを使えるようになることも重要です。
余力のある方は図で納得してください。

1. $(f(x)+g(x))'=f'(x)+g'(x)$　（足し算微分の公式）
$(kf(x))'=kf'(x)$

2. $\{f(x)\times g(x)\}'=f'(x)g(x)+g'(x)f(x)$　（掛け算微分の公式）

3. $\left\{\dfrac{f(x)}{g(x)}\right\}'=\dfrac{\{f'(x)g(x)-g'(x)f(x)\}}{\{g(x)\}^2}$　（割り算微分の公式）

4. 逆関数微分は $y=x$ に関して対称なグラフから出す。

5. $(x^r)'=nx^{r-1}$ → $\int x^r dx=\dfrac{x^{r+1}}{r+1}+C\ (r\neq -1)$
この r は負の数でも有理数でもよい。
$\left(x^{\frac{1}{2}}\right)'=\dfrac{1}{2\sqrt{x}}=\dfrac{1}{2}x^{-\frac{1}{2}}$ もこの形です。
$\{(px+q)^r\}'=rp(px+q)^{r-1}$

6. $(\sin x)'=\cos x$ → $\int\cos x dx=\sin x+C$
$(\cos x)'=-\sin x$　（図1） → $\int\sin x dx=-\cos x+C$

7.　$(e^x)'=e^x$ ⟶ $\int e^x dx=e^x+C$

さらに、 $(e^{px+q})'=pe^{px+q}$

（図2）

8.　$(\log_e x)'=\dfrac{1}{x}$ ⟶ $\int \dfrac{1}{x}dx=\log_e x+C$

さらに、 $\{\log_e(px+q)\}'=\dfrac{p}{px+q}$

（図3）

図 1

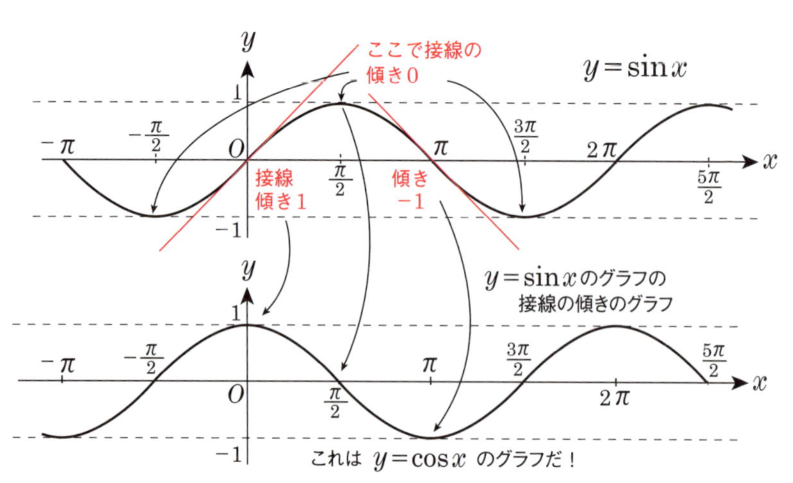

$y=\sin x$ のグラフの各点の接線の傾きを、下のグラフに描いていくと、
$y=\cos x$ のグラフになる

図2

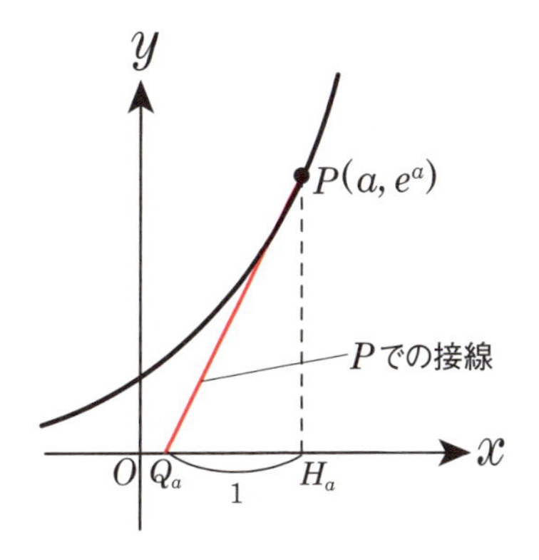

$e=2.71828\cdots$について、
$y=e^x$のグラフを描くと、
各点Pでの接線のx軸との
交点Qと、Pの下のx軸上の
点Hについて、QHの長さは常に1
これから$(e^x)'=e^x$

図3

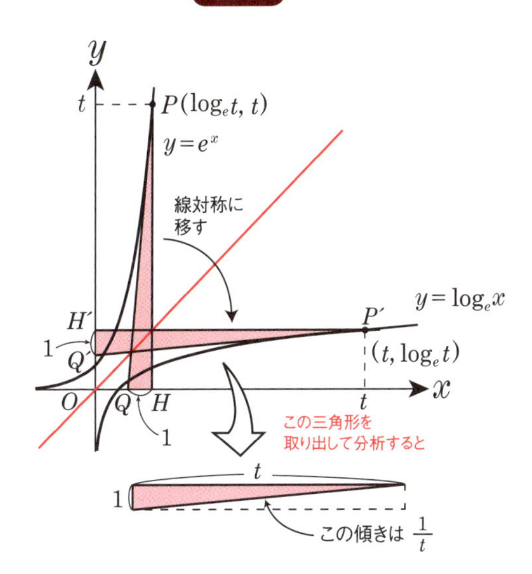

$y=\log_e x$ のグラフは $y=e^x$ のグラフと
$y=x$ に関して線対称
これから、$(\log_e x)'=\dfrac{1}{x}$ が出る

コラム

フェルマーの娯楽

本書で登場するP・フェルマー（Fermat1601～1665）の専門は法律家・行政家ですが、言語学者としても高く評価されていました。

彼にとって数学はお気に入りの娯楽の1つでした。高等法院の参与という職は、社会参加を控えなければならなかったそうです。そこで当時から地味で、高級な頭の体操だった数学を娯楽とすることが好都合だったのです。

皮肉にも、彼が予想した「フェルマーの定理」の証明がなされたことが地味どころか、華々しい話題になりました。これは整数論の分野です。また、パスカルとの往復書簡が確率論を生み出したともいわれています。

微分積分学でも、いくつかの大きな業績をあげています。その1つは、本文中にもありますが、2次関数の接線の研究です。これによって、の導関数が$f'(x)=2x$になることが示されるのです。

もう1つが、1637年の『最大値・最小値発見法』の手稿です。それには、「連続関数の値が最大値・最小値の近くでは非常にゆっくり変化する」

つまり、現代的な表現でいうと、「最大値・最小値のところでは、接線の傾きが0になる」ということになります。

この事実は、フェルマーが微分の概念をほぼ作り上げていたと考えてもよいと私は思います。

彼がこの結果を出したのは、『マンガ微積分入門』の著者（私）にはありがたい話でした。増える間（Fermat）と減る間（Fermat）の間が最大値というダジャレがバッチリ決まるのです。

フェルマーは、結局数学の3つの分野の先駆けにかかわる仕事をしていたのです。恐ろしい娯楽ですね。

第5章

微分・積分を使ってみよう！

～人間の感覚は、対数関数的？

いよいよ微積を応用していこう！
容積最大の入れ物を作ろう

正六角形から箱を作る

微分を使って最大値を求めてみましょう。問題は次のものです。

> １辺の長さ 30 cm の正六角形のブリキから P130 図１のように角の部分６ケ所を切り抜いて（正六角形の辺の頂点から x のところで、辺に垂直に切る）折り曲げて箱を作りたい。このとき、x をどのようにしたら一番容積が大きくなるでしょうか。ただし、x は $0 \leqq x \leqq 15$ とする。
>
> なお、溶接するので、のりしろは考えなくともよい。

この問題では、すでに x が与えられています。ですから、容積を x の関数にして、その関数の最大値を与える x を求めればよいのです。

３次関数の最大値問題

この問題は、次のように解くことができます。

【解答】

切り取る図形は三角定規を２つ合わせた形となる。

図２より、この三角定規の一番短い辺を x としたとき、斜辺は $2x$ で、もう１つの辺が $\sqrt{3}x$ で、この $\sqrt{3}x$ が箱の高さとなる。

また、底面は辺の長さ $30-2x$ の正三角形６個となる。この正三角形１つを考えると、図３より正三角形の高さは $(15-x)\sqrt{3}$ だから、面積は、$(15-x)^2\sqrt{3}$。これが６個で、底面積は、$6(15-x)^2\sqrt{3}$

よって容積は、

容積 $= 6(15-x)^2\sqrt{3} \times \sqrt{3}x = 18(15-x)^2x = 18(x-15)^2x$

（最後の変形は計算の都合）

ここで

$f(x)=18(x-15)^2x$ とおいて、

微分して（掛け算微分の公式！）、

$$f'(x)=18\{2(x-15)x+(x-15)^2\}=18(x-15)\{2x+(x-15)\}$$
$$=18(x-15)(3x-15)=18\times3(x-15)(x-5)$$

これより、$f'(x)=0$ となるのは、$x=15, 5$

これから図4のように、x の動く範囲、すなわち、$0 \leqq x \leqq 15$ の区間で増減表を書きます。

この増減表から、y 軸を縮めた形でグラフを描きます（図5　縮めないほうがよいのですが、y の値が9000ですからやむを得ません）。

それで、x が0より小のところと、x が15より大のところでは、範囲外であることを明確に示すために、点線にしておきます。

このグラフから最大値は $x=5$ のとき、9000 cm^3 とわかります。

いくつかの注意

●この微分のとき、$(x-15)^2$ と x の掛け算微分を使ったので、あとの処理がとてもラクになりました。

というのは、因数 $(x-15)$ が最初から2つの項に出てきて、それでくくると、もう1つの因数は項を整理するだけで出てきてしまうのです。

●なお、グラフは必ずしも、描かなくともいい場合もありますが、曲線の形を明確にしておくために描くことをおすすめします。

●また、端の点 $x=15$ で、$f'(x)=0$ となりますが、端の点は極小値とはいいません。下がってから、上がらないからです。

●$x=5$ の点で極大値となることは、$f'(5)=0$、$f''(5)=18\times3\times(-10)<0$ からわかります。$f''(5)$ は符号だけ必要なので、最後までの計算は不要。

図1　容積を最大にするxは?

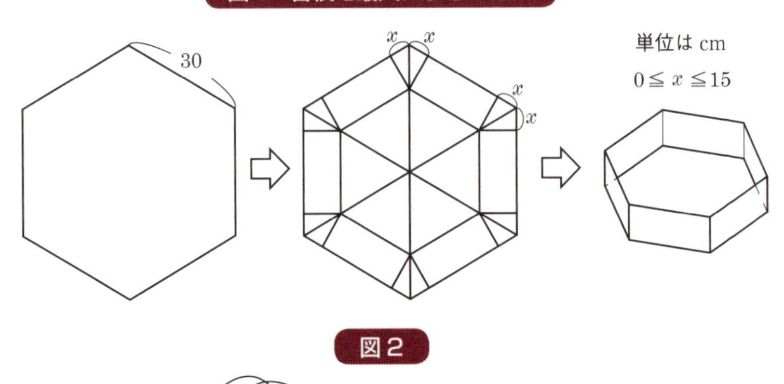

図2

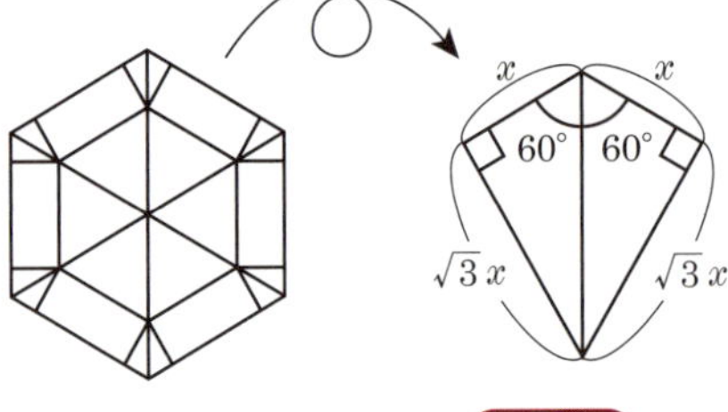

単位は cm

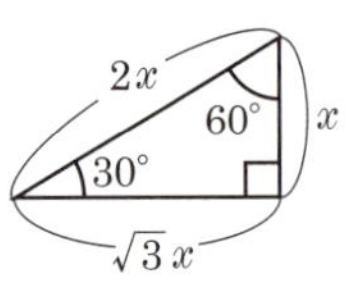

図3

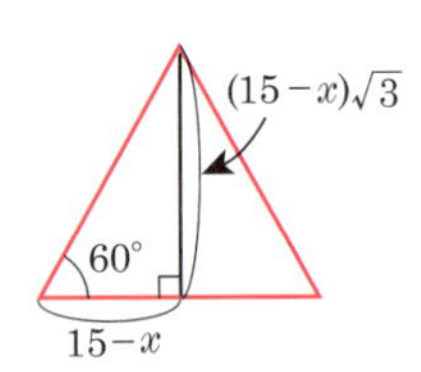

$$容積=6(15-x)^2\sqrt{3}\times\sqrt{3}\,x=18(15-x)^2x$$

$$f(x)=18(15-x)^2x=18(x-15)^2x$$

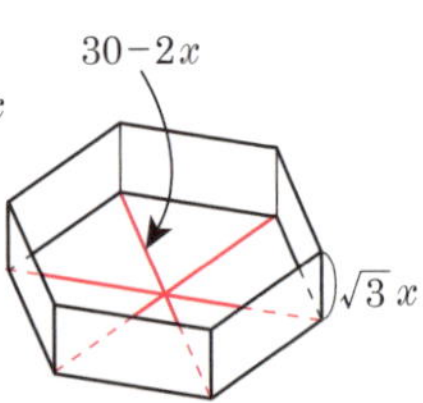

図4　増減表

$0\leqq x\leqq 15$

x	0		5		15	
$f'(x)$		+		−		+
$f(x)$	0	↗	$f(5)$	↘	0	

$f(5)=18\cdot 10^2\cdot 5=9000\,\mathrm{cm}^3$

図5　グラフを描く

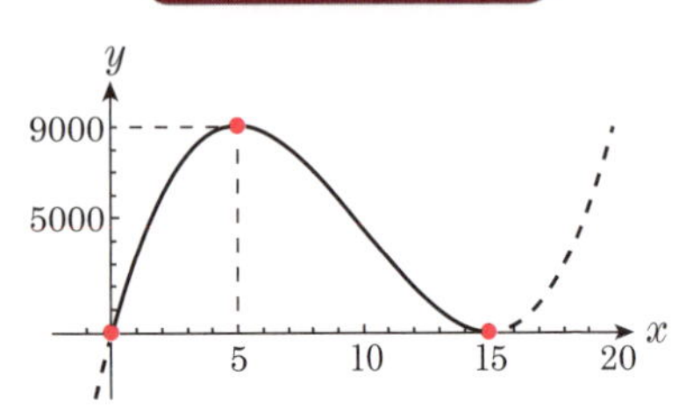

このグラフはy軸方向を縮めてあります。

計算する前に、どうしたらラクかよーく考えよう！

カレンダー問題

微積分で見通しよく

前のほうでも述べましたが、「微分積分は計算だけだ」という風潮が大変強くて、「計算はできるけど意味わかんなーい」という生徒が多いのは確かです。

でも、それはたいへんもったいないことです。じつは、私も高校時代はそう思っていたこともあり、幾何に比べると微分積分はあまり好きではありませんでした。さらに大学に入ってからも最初は、微分積分に続く解析は計算が多くて苦手な科目の１つでした。ところが、勉強していくうちに、微分積分の目で見ると、いろいろなことがつながっていることを実感するようになりました。

本書でも、小学校の算数が微分積分につながっていることは、折に触れて強調してきました。例えば、折れ線グラフを描く活動が微分につながり、面積計算が積分につながっていることもそうです。

それは次のような話に発展していきます。三角形の面積の公式（分母に２がありますね）とすいの体積の公式（分母に３があります）が類似関係にあることが積分で説明できることもそうです。公式の分母の数は次元なのです。

三角形の公式が出てくるのは小学校、すいの体積の公式が中学校または小学校で、積分を学習するのが高校２年以降ということもあって、それらの公式をまとめて見ることもないままでした。

「積分」という概念によって、それらが１つにつながり、世の中が見通せるようになるというのが、数学の大きな役割です。

カレンダーの問題

P133図１のカレンダーの問題は、そのよい例でもあります。この問題は、中学校の教科書などによく出される問題です。たった15個の足し算ですから、計算が得意な方はすぐ計算したくなるかもしれません。

でも、どう計算したらラクかをよく考えてください。そして、本書の今までの内容とのつながりも……。

どうでしょうか？　本書の読者なら、少しは工夫したでしょう。

この問題は、じつは直方体を平面で切った体積の問題と同じなのです。すなわち、それぞれ面積1の正方形の上に細い直方体が立っている。その高さを数字で表していると考えてください。

図2がその形です。どうです、見事なワリバシ空間が見えてきますね。そうなると、話が早い！

真ん中の高さが平均の高さで、18とあります。これが15本あるので、

$$18\times15=270$$

やみくもに計算せず、工夫する

カレンダーの問題で、考えなかった人は、次の図3の問題には手も足も出ません。

各行は、$2n$個の数字が順に並んでいて、そのうちのn個の数字に色がついています。色の領域は、1番上の行はうしろのn個で、1つずつ前にずれていき、n行目まであります。

じつは、この問題は少し前のある大学の入試問題でした。でも、カレンダーの問題をよく考えた人なら、中学生でもできます。考え方自体は同じですから。

「行ごとにΣをとって、それをまたΣ…」と計算をすると大変。

でも、この答えも暗算で出せます。直方体の体積の問題で、真ん中の高さを、対角線で向かい合う頂点の高さで決めましたね。ここも同じです。

図1　ピンク色に塗ってある数をすべて足すといくつになりますか

1	2	3	4	5	6	7
8	9	10	11	12	13	14
15	16	17	18	19	20	21
22	23	24	25	26	27	28
29	30	31				

←

1	2	3	4	5	6	7
8	9	10	11	12	13	14
15	16	17	18	19	20	21
22	23	24	25	26	27	28
29	30	31				

真ん中の18にそろえて、18 × 15

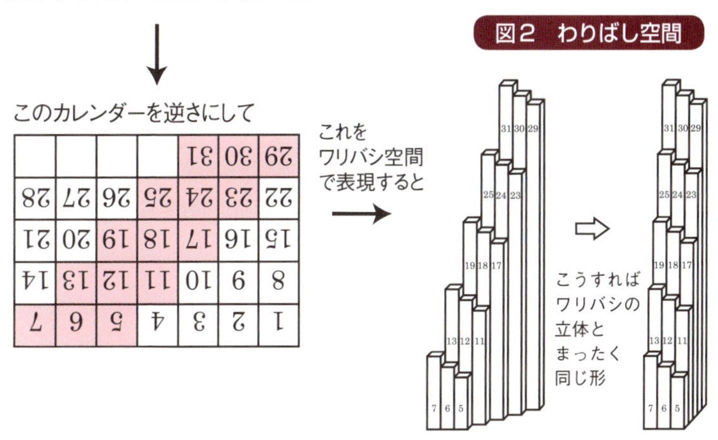

図3　ピンク色に塗ってある数をすべて足すといくつになりますか

1	2	3	…	…	n	$n+1$	…	…	$2n$
$2n+1$	$2n+2$	$2n+3$	…	…	$3n$	…	…	$4n-1$	$4n$
$4n+1$	$4n+2$	…	…	$5n-1$	$5n$	…	…	…	$6n$
⋮	…	…	…	…	…	…	…	…	⋮
⋮	…	…	…	…	…	…	…	…	⋮
$2n^2-2n+1$	$2n^2-2n+2$	…	…	…	…	…	…	…	$3n^2$

真ん中の数は、頂点の対角線の中点だった。だから、平均の高さは、

$$\frac{(2n^2-2n+2)+2n}{2}=n^2+1$$

これが n^2 個あるから、

（答え）　$n^2(n^2+1)$

音、星の明るさも数学で考えてみよう！

人間の感覚は、対数関数的？

人間に聞こえる音

人間の感覚は対数関数的とよくいわれます。

例えば、音のデシベルは、基準の信号の音圧（通常の人の耳に聞こえる最小音の$2\times10^{-5}N/m^2$）と比較してどの程度大きい音圧かということを示す指標です。

その算出式は、次のように与えられます。

$dB=20\log_{10}$（対象の音圧／基準の音圧）

ですから、20 dB ちがうと、音圧が 10 倍ちがいます。40 dB で、100 倍、60 dB 上がるとなんと 1000 倍も音圧が上がるのです。

街頭で 60 dB の地点と 63 dB の地点では、あまりちがわないと思い込みがちです（また、感覚的にはそうなのです)。でも、じつは 1.4 倍も音圧がちがうのです。

もう１つ例をあげておくと、星の光度です。あの「１等星、２等星……」という呼び方ですね。これは、古代ギリシアの天文学者ヒッパルコスが始めたといわれています。一番明るい恒星（もちろん太陽は除きます）を１等星とし、肉眼で見えるかどうかの境目の星を６等星として、その間を６段階に分けたといいます。

19 世紀の天文学者ボグソンは、１等星は６等星の 100 倍の明るさであることを計量して、１等級下がるごとに$100^{1/5}$だけ明るさが下がるように、等級をつけ直しました。こうして、星の等級が対数によって決められるようになったのです。といっても、この基準になる一番明るい星は、少しずつ揺らいでいて、現在一番明るい星のシリウスは１等星ではなく、−1.5 等星です。ちなみに、太陽は−26.7 等星で、月は−12.6です。あんなに明るさがちがうのに、等級では、２倍ちょっとというのも、対数的な決め方のおかげです。

対数的な決め方の合理性

ヒッパルコスはいいとして、そのあとで等級を決め直したボグソンのやり方は正しかったのでしょうか？

ここで、19 世紀のドイツの心理学者・生理学者のウェーバーの刺激の強さと感覚についての実験的法則「ウェーバーの法則」が生きてきます。とくに有名なものが「刺激の変化に対する敏感度は、その時点の刺激の大きさに反比例する」です。

例えば、音の刺激について考えると、静かなところでは、せきひとつするのもはばかられます。しかし、ロックコンサート会場では、銃を撃ってもわからない可能性があります。

これは、「同じだけ刺激（この場合、音の大きさ）を増やしても、刺激（音）が大きい場所では、その効果が少ない」と解釈すればよいのです。

この法則は、次のように定式化されます。刺激の大きさ x による、感覚の受ける量を y として、$y=f(x)$と表されているとします。刺激の変化に対する敏感度とは、x の増加(Δx)に対する感覚の増加の量(Δy)ですから、

(感覚の増加量) / (刺激の増加量) = $(\Delta y/\Delta x)$

です。Δ を 0 に近づけたら、$dy/dx=y'$ となります。これが、x に反比例するのですから、

$y'=k/x$ (k は比例定数)

簡単のため比例定数を 1 とおいて、

$y'=1/x$

微分すると $1/x$ になる関数を探して、

$y=\log_e x+C$

となります。

こうして、人間の感覚が対数的ということが出てくるのです。

図1　星の等級

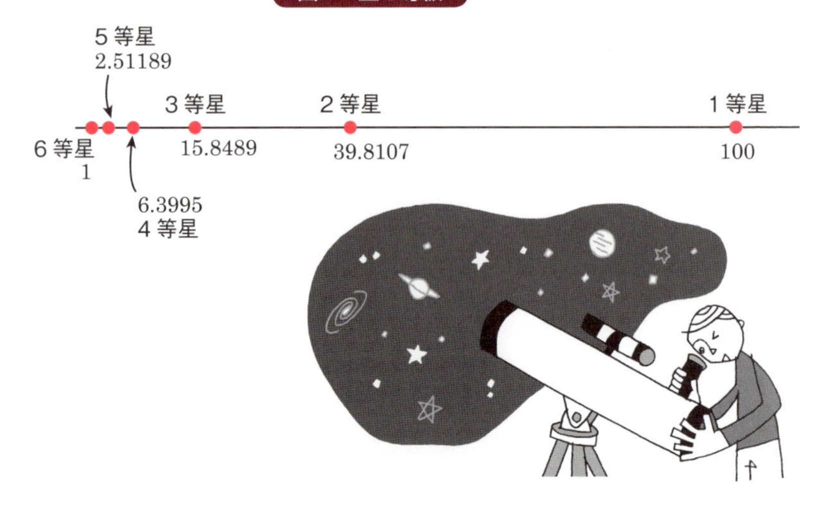

図2　ウェーバーの法則

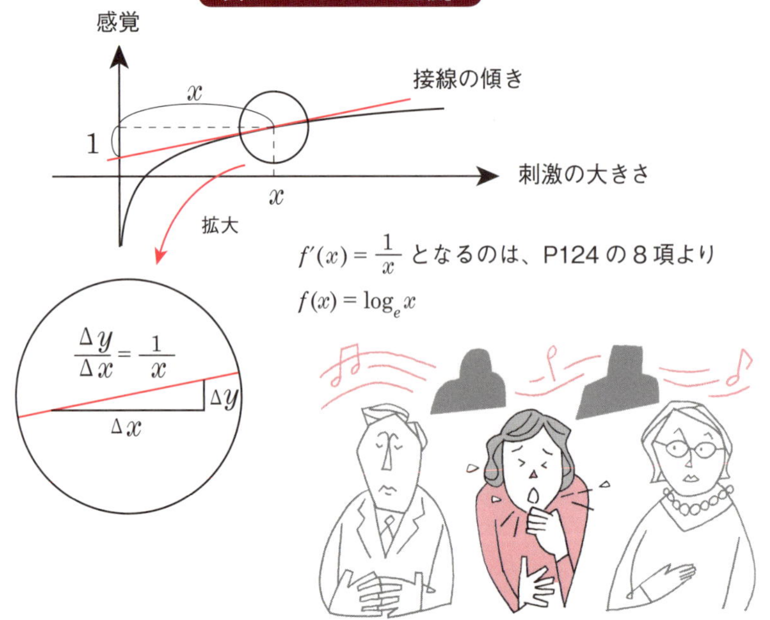

富士山の容積は、こうやって割り出せる！

台形公式とシンプソンの公式

不定積分がわからん！

積分計算はなかなか面倒なのですが、「微分積分学の基本定理」は、それをかなり解決しました。ある関数 $f(x)$ の不定積分は、微分すると $f(x)$ になる関数を探せばよくなったからです。

ところが、それでも不定積分ができない場合があります。もちろん、それでは不便なので、さまざまな工夫が行われてきました。しかし、それでもたくさんの関数が不定積分できません。むしろ関数全体の中では、不定積分ができないほうが多数派なのです。

例えば、e^x と $1/x$ それぞれが e^x, $\log_e x$ という不定積分をもつのですが、それを掛けただけの e^x/x は、不定積分することができなくなります。また、統計でよく用いられる正規分布の分布関数（P139 図１のようなつりがね型のグラフをもつ関数）も不定積分ができません。

積分の近似計算

しかし、不定積分できなくとも、面積が厳然とあれば、区間を定めた定積分はできるはずです。

子どもの体重や身長などの数値のように、あまり偏りのないデータについては、大量のサンプルの分布は、正規分布になることが知られています。ですから、こういうデータを扱うときは、正規分布の分布関数の定積分の値がぜひとも必要です。ですから、この関数の場合「標準正規分布表」という、図１の色の部分を定積分した値の表が作られています。

こういう場合使われる近似的な計算法の代表的な方法が「台形公式」と「シンプソンの公式」です。

台形公式は、積分区間を n 等分して折れ線で近似するものです。

一方、シンプソンの公式は積分区間を $2m$ 等分して、2個ずつの区間で2次式に近似して計算します。この計算のときにも2次式の積分が使われます。

図2にそれらの公式を書いておきました。一般に、 $y=f(x)$ のグラフが曲線のとき、シンプソンの公式のほうが、けた違いに近似の度合いがいいのです。

π の近似値の計算

定積分できる関数でも、シンプソンの公式を利用することがあります。π の近似値を次のように簡単に計算できます。

別の積分計算より、

$$\int_0^1 \frac{dx}{x^2+1} = \frac{\pi}{4}$$

とわかっています。このとき、この式の左辺をシンプソンの公式で近似計算するのです。例えば、図3のように、この関数の $[0, 1]$ 区間を4等分して、計算すると、

$\pi \fallingdotseq 4 \times 0.7854 \fallingdotseq 3.1416$ と、かなり正確な値が出てきます。

富士山の容積の近似計算

一方、グラフが曲線とは限らないときは台形公式が使われます。

たとえば、筆者は、標高1000mから上の富士山の容積を調べたことがあります。

そのときは、標高1000mから500m刻みの各等高線をゴムシートになぞって切り抜き、目方を測って面積を算出し、等高線と等高線の間を（本当の意味の）台形に近似して計算しました。

じつは、これは本来の台形公式とはちがいます。でも、台形公式の考え方があったので、このような計算の方法を思いついたのです。そのときの概算では、求める体積は189km^{3}でした。

図1　不定積分ができない関数の例

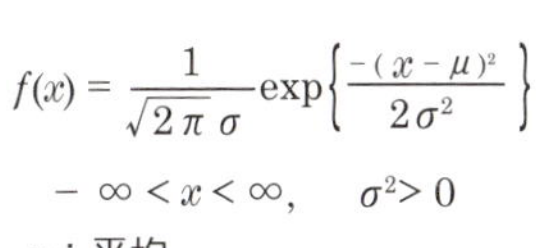

$$f(x)=\frac{1}{\sqrt{2\pi}\,\sigma}\exp\left\{\frac{-(x-\mu)^2}{2\sigma^2}\right\}$$

$-\infty < x < \infty, \quad \sigma^2 > 0$

μ：平均

σ：標準偏差

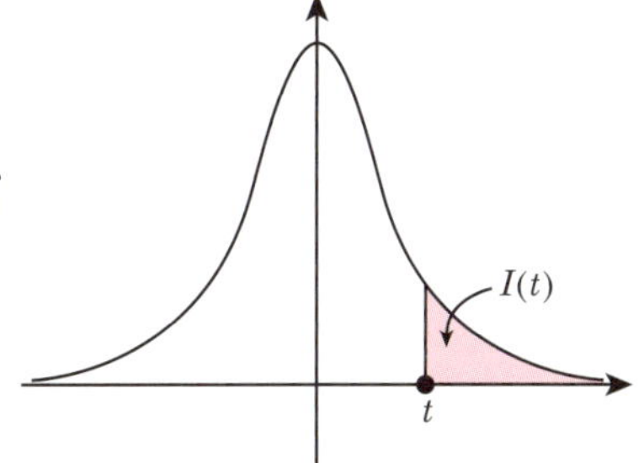

図2　台形公式とシンプソンの公式

$[a,b]$ を n（あるいは $2m$）等分したときの各点を

$a=x_0, x_1, \cdots, x_n$（あるいは x_{2m}）$=b$

とする。

等分した区間の長さを h とし、$f(x)=y$ としたとき、

それぞれの公式は以下のようになる。

台形公式

$$\int_a^b f(x)dx \fallingdotseq \frac{h[y_0+2(y_1+y_2+\cdots+y_{n-1})+y_n]}{2}$$

シンプソンの公式

$$\int_a^b f(x)dx \fallingdotseq \frac{h}{3}[y_0+4(y_1+y_3+\cdots+y_{2m-1})+2(y_2+y_4+\cdots+y_{2m-2})+y_{2m}]$$

図3　πの近似値を求める

$x_k=\frac{k}{4}\ (k=0,\cdots,4)$

$y_0=1, y_1=\frac{16}{17}, \cdots, y_4=\frac{1}{2}$

これらを公式に代入して、$0.7854 \fallingdotseq \frac{\pi}{4}$

よって、$\pi \fallingdotseq 4\times 0.7854 = 3.1416$

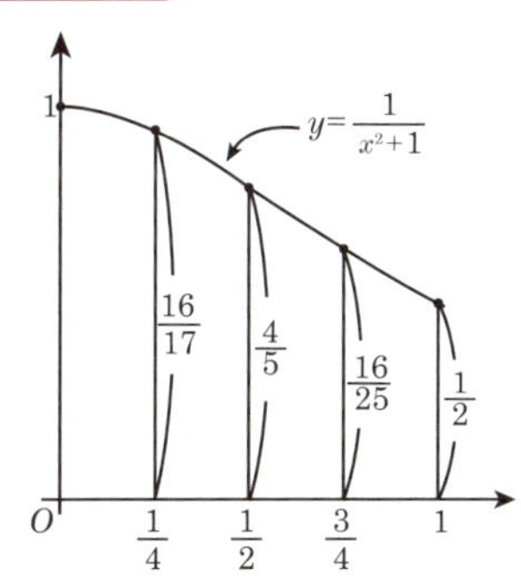

数学と文学が１つになったエレガントな世界
「博士の愛した数式」─オイラーの公式の秘密

小川洋子さん

表題は多くの皆さんがご存知だと思います。小川洋子さんが書かれたベストセラー小説の題名です。この本はいろいろな賞を受賞されましたが、日本数学会からも、出版賞が贈呈されました。たまたま、私も『分数ができない大学生』（こっちは、西村、戸瀬というむさくるしいメンバー）で同じときに受賞したのが最初のご縁でした。何人かの知人には「小川さんと同じ賞を受賞したんだって、すごいね」と感心されました。小川さんのおかげです。
「最初」と書きましたが、この頃に公開された、小説の映画版の監修も当時の数学会理事長の森田康夫さんの紹介でお手伝いに加わりました。

パナソニックの中村社長（当時）がこの本を読まれて、お台場のパナソニックセンターに数学を含めた体験型博物館リスーピアを作るきっかけにもなりました。この小説と小川さんの力は偉大です。

たまたま、私はそのリスーピアの数学部門の監修を頼まれました。さらに、「できあがったものを小川さんにも見ていただきたい」との中村会長の強い要望で来ていただき、会食のご相伴にあずかり、数学者仲間にうらやましがられました。

また、それと前後して、大阪教育大のフォーラムで大阪教育大の先生方との座談会とその座談の単行本化でもご縁をもつことになりました（小川さんにはご迷惑でしょうが）。

というわけで、博士の愛した数式である、「オイラーの公式」に触れざるを得ないでしょう。

もっともエレガントな「オイラーの公式」

さて、一般に$f(x)$を微分したら、$f'(x)$になります。これが導関数でした。この導関数は、xの関数と考えることができるので、これをさらに微分します。これが２次導関数$f''(x)$です。これは曲線の凹凸の判定に使われますね。

これをさらに微分すると３次導関数が出てきます。この操作が続けられる場合を考えます。ダッシュの数が多くなると、その数がだんだんわからなくなりますので、n次導関数を$f^{(n)}(x)$で表します。

このとき、$f(x)$を、$f^{(n)}(a)$を用いて多項式で近似したのを「テイラー展開」といい、これに$a=0$を代入したものをマクローリン展開ともいいます。図にe^x　$\sin x$　$\cos x$ のテイラー展開を書いておきました。

普通a^xのxには、実数を入れるものと思っている人が多いでしょうが、マクローリン展開の式をe^xと思えば、xには複素数だって入れることができます。このe^xの式にixを代入し、$\sin x$　$\cos x$ の式と並べると「オイラーの公式」が出てきます。

さらに、この式のxにπを代入すると、虚数単位i、円周率π、自然対数の底eが結びついた式になるのです。

この式は、その意外性から世界の数学者対象のアンケート「もっともエレガントな定理・式は何か？」で、トップになったものです。

＊

小川さんが書いた表現は、私たち数学者にはなかなかできません。「どこにも円は登場しないのに、予期せぬ宙からπがeの元に舞い下り、恥ずかしがり屋のiと握手する。彼らは身を寄せ合い、じっと息をひそめているのだが、一人の人間が足し算をした途端、何の前触れもなく世界が転換する。すべてが0に抱き留められる」

エレガントな「オイラーの公式」

テイラー展開の式　$f(x)$ の $x=a$ での x の n 次式への近似

$$f(x) \fallingdotseq f(a) + \frac{f'(a)(x-a)}{1!} + \frac{f''(a)(x-a)^2}{2!} + \frac{f^{(3)}(a)(x-a)^3}{3!} + \cdots + \frac{f^{(n)}(a)(x-a)^n}{n!}$$

$1!=1,\ 2!=1\times2=2,\ 3!=1\times2\times3=6,$
$n!=1\times2\times\cdots\times n$

$a=0$ のとき

（マクローリン展開ともいう）

$$f(x) \fallingdotseq f(0) + \frac{f'(0)}{1!}x + \frac{f''(0)}{2!}x^2 + \frac{f^{(3)}(0)}{3!}x^3 + \cdots + \frac{f^{(n)}(0)}{n!}x^n$$

$f(x)=e^x$ のとき
$f'(x)=e^x,\ f''(x)=e^x,\ \cdots,\ f^{(n)}(x)=e^x$ だから、

$$e^x = 1 + x + \frac{x^2}{2} + \frac{x^3}{6} + \cdots + \frac{x^n}{n!} + \cdots$$

$f(x)=\sin x$ のとき
$f'(x)=\cos x,\ f''(x)=-\sin x,\ f^{(3)}(x)=-\cos x,\ \cdots$ だから、

$$\sin x = x - \frac{x^3}{3!} + \frac{x^5}{5!} - \frac{x^7}{7!} + \cdots + \frac{(-1)^n x^{2n+1}}{(2n+1)!} + \cdots$$

$f(x)=\cos x$ のとき
$f'(x)=-\sin x,\ f''(x)=-\cos x,\ f^{(3)}(x)=\sin x,\ \cdots$ だから、

$$\cos x = 1 - \frac{x^2}{2!} + \frac{x^4}{4!} - \frac{x^6}{6!} + \cdots + \frac{(-1)^n x^{2n}}{(2n)!} + \cdots$$

$x=ix$ を代入

$$e^{ix} = 1 + ix - \frac{x^2}{2!} - \frac{ix^3}{3!} + \frac{x^4}{4!} + \cdots + \frac{i^n x^n}{n!} + \cdots$$

$$= (1 - \frac{x^2}{2!} + \frac{x^4}{4!} + \cdots + \frac{i^n x^n}{n!} + \cdots)$$

$$+ i(x - \frac{x^3}{3!} + \cdots + \frac{(-1)^n x^{2n+1}}{(2n+1)!} + \cdots)$$

$$= \cos x + i \sin x$$

ここで x に π を代入すると

$$e^{i\pi} = -1$$

著者紹介

岡部恒治
数学者。東京大学理学部数学科卒業、同大学院修士課程修了。埼玉大学経済学部教授を経て現在、埼玉大学名誉教授。埼玉大学出版会代表、NPO 法人埼玉大学出版会事業部代表理事。2005 年度「日本数学会出版賞」受賞。数学初心者にも興味をひく話題から数学の奥義を説くわかりやすさには、定評があり、数々のベストセラーを出している。本書では、微分・積分を身近な例からわかりやすく説明した。

長谷川愛美
埼玉大学工学部応用化学科卒業。北海道大学大学院数理科学研究科数学専攻修了。以前、日本数学協会事務局長を務めており、現在フリーの編集者として活躍している。本書では、企画構成、図版作成を担当。

図で考えれば解ける！
本当は面白い「微分・積分」

2019年2月1日　第1刷

著　者　岡部恒治
　　　　長谷川愛美

発行者　小澤源太郎

責任編集　株式会社プライム涌光
電話　編集部　03(3203)2850

発行所　株式会社青春出版社

東京都新宿区若松町12番1号〒162-0056
振替番号　00190-7-98602
電話　営業部　03(3207)1916

印刷・大日本印刷　製本・ナショナル製本

ISBN978-4-413-11280-2 C0041